新一代人工智能创新平台建设及其关键技术丛书

自动文本简化

Automatic Text Simplification

强继朋　李　云　吴信东　著

科学出版社

北　京

内 容 简 介

文本简化是人工智能尤其是自然语言处理方向的一个重要研究领域。本书作为该领域的专业书籍，内容上尽可能覆盖文本简化领域各种主流的研究方法和相关资源。全书共 9 章，包括三个主要部分：第 1～4 章主要介绍文本简化的研究概况、背景知识、文本可读性评估和词语简化方法；第 5～7 章详细讨论句子分割、统计文本简化和神经文本简化方法；第 8、9 章着重介绍深度学习在文本简化研究和应用中的最新进展以及汉语文本简化的研究。

本书可供文本简化领域的工程技术人员、科研人员，高等院校人工智能等相关专业的教师、研究生、高年级本科生阅读。

图书在版编目（CIP）数据

自动文本简化／强继朋，李云，吴信东著．—北京：科学出版社，2022.11

(新一代人工智能创新平台建设及其关键技术丛书)

ISBN 978-7-03-072460-1

Ⅰ．①自…　Ⅱ．①强…　②李…　③吴…　Ⅲ．①自然语言处理-研究　Ⅳ．①TP391

中国版本图书馆 CIP 数据核字（2022）第 097622 号

责任编辑：裴　育　陈　婕　赵微微／责任校对：任苗苗

责任印制：师艳茹／封面设计：蓝正设计

科学出版社 出版

北京东黄城根北街 16 号

邮政编码：100717

http://www.sciencep.com

北京建宏印刷有限公司 印刷

科学出版社发行　各地新华书店经销

*

2022 年 11 月第　一　版　开本：720 × 1000　B5

2024 年　1　月第二次印刷　印张：11 1/2

字数：231 000

定价：98.00 元

（如有印装质量问题，我社负责调换）

“新一代人工智能创新平台建设及其关键技术丛书”序

人工智能自1956年被首次提出以来，经历了神经网络、机器人、专家系统和第五代智能计算、深度学习的几次大起大落。由于近期大数据分析和深度学习的飞速进展，人工智能被期望为第四次工业革命的核心驱动力，已经成为全球各国之间竞争的战略赛场。目前，中国人工智能的论文总量和高被引论文数量已经达到世界第一，在人才储备、技术发展和商业应用方面已经进入了国际领先行列。一改前三次工业革命里一直处于落后挨打的局面，在第四次工业革命兴起之际，中国已经和美国等发达国家一起坐在了人工智能的头班车上。

2017年7月8日，国务院发布《新一代人工智能发展规划》，人工智能上升为国家战略。2017年11月15日，科技部召开新一代人工智能发展规划暨重大科技项目启动会，标志着新一代人工智能发展规划和重大科技项目进入全面启动实施阶段。2019年8月29日，在上海召开的世界人工智能大会(WAIC)上，科技部宣布依托10家人工智能行业技术领军企业牵头建设10个新的国家开放创新平台，这是继阿里云公司、百度公司、腾讯公司、科大讯飞公司、商汤科技公司之后，新入选的一批国家新一代人工智能开放创新平台，其中包括我作为负责人且依托明略科技集团建设的营销智能国家新一代人工智能开放创新平台。

科技部副部长李萌为第三批国家新一代人工智能开放创新平台颁发牌照

舞台中央左起，第2位为吴信东教授，第6位为李萌副部长

为了发挥人工智能行业技术领军企业的引领示范作用，这些国家平台需要发挥“头雁”效应，持续优化人工智能的创新生态，推动人工智能技术的健康发展。

“新一代人工智能创新平台建设及其关键技术丛书”以国家新一代人工智能开放创新平台的共性技术为驱动，选择了知识图谱、人机协同、众包学习、自动文本简化、营销智能等当前热门且挑战性很强的方向来策划出版相关技术分册，介绍我国学术界和企业界近年来在人工智能平台建设方面的创新成就，以及在这些前沿方向面临的机遇和挑战。希望丛书的出版，能对新一代人工智能的学科发展和人工智能创新平台的建设起到一些引领、示范和推动作用。

衷心感谢所有关心本丛书并为丛书出版而努力的编委会专家和各分册作者，感谢科学出版社的大力支持。同时，欢迎广大读者的反馈，以促进和完善丛书的出版工作。

“大数据知识工程”教育部重点实验室(合肥工业大学)主任、长江学者

明略科技集团首席科学家

2021 年 7 月

前　　言

文本简化是从句法结构、词汇等方面简化句子的内容，保持原有意思不变，增强机器或者人对内容的理解，特别是对那些识字率低、有认知或语言障碍、非母语人员，或者文本语言知识有限的人。这一过程通常包括用更简单的对等词语替换困难或未知的短语，也包括将句法复杂的长句转换成较短、较不复杂的句子。文本简化作为人工智能的一个重要分支，最早可以追溯到 20 世纪 50 年代的文本可读性评估，先后走过了基于规则的系统、基于统计的系统等几个重要阶段，现在步入了神经文本简化阶段。自动文本简化如今在自然语言处理研究中占据了重要地位，不仅因为它所面临的研究挑战，也因为它本身具有很重要的社会意义。

国内外鲜有自动文本简化的书籍，目前仅有 Horacio Saggion 所著的英文书 *Automatic Text Simplification*。该书主要介绍一些传统的方法，如基于同义词词典的词语简化、基于句法的文本简化和基于统计的文本简化。最近几年，基于神经网络的方法，特别是基于端到端的模型被广泛应用于文本简化任务。除了基于神经网络的文本简化方法，无监督文本简化方法和基于预训练语言模型的方法也被提出。相对于传统方法，这些方法取得了更好的效果，成为目前主流的方法，也是目前研究关注的重点。

在此背景下，本书以简明易懂的语言对文本简化技术进行了全面的介绍，兼顾了文本可读性评估、经典的统计文本简化技术以及目前飞速发展的神经文本简化技术和无监督文本简化技术，同时结合作者近年来的研究积累对其中的前沿技术问题进行深入探讨，归纳总结了自动文本简化方法。本书内容体现了文本简化领域的最新研究成果和发展态势。读者借助本书所介绍的方法，能够很快入门并掌握文本简化的主要技术、最新研究进展和未来发展方向。

本书共 9 章。第 1 章回顾文本简化发展的历史，介绍文本简化语料、文本简化评估和文本简化的应用；第 2 章介绍机器翻译领域的相关背景知识；第 3 章介绍文本可读性评估方法、应用和未来研究方向；第 4 章介绍词语简化方法，包括基于语言数据库的方法、基于自动规则的方法、基于词嵌入模型的方法、基于混合模型的方法、基于预训练语言模型的方法；第 5 章介绍句子分割方法，包括基于规则的方法和基于神经网络模型的方法；第 6 章介绍统计文本简化方法，包括基于短语的机器翻译方法、基于句法的方法、混合的方法、无监督的方法；第 7 章介绍神经文本简化方法，包括引入强化学习机制、多任务学习、复述规则的方法以及可控的文本简化方法等；第 8 章介绍无监督的文本简化方法，包括无监督神经文本简化方法、无监督可编辑的文本简化方法和可控的句子简化方法，以及零样本跨语言的文本简化方法；第 9 章初步探索汉语文本简化，该章是作者最新的研究成果，也是唯一关于汉语文本简化的内容。本书由强继朋、李云、吴信东共同撰写，强继朋规划设计及统稿，李云校稿。

作者长期从事自动文本简化的研究和实践，对文本简化领域的发展和问题进行了深入的总结和归纳，于 2016 年最先提出利用神经机器翻译模型解决文本简化任务的想法，该工作发表在人工智能国际会议 AAAI 上。最近几年，利用神经机器翻译模型进行文本简化已经成为文本简化主流的方法。2019 年，作者提出一种基于预训练语言模型的词语简化方法，标志着预训练语言模型在文本简化中的应用。该工作先发表在预印网站 Arxiv 上，之后发表在人工智能国际会议 AAAI 2020 上。此外，作者还对词语简化方法进行了综述，详细地阐述了不同词语简化方法的优缺点，该工作发表在《中文信息学报》上，相关内容将在本书第 4 章中进行介绍。2019 年，作者最先提出无需训练语料的基于统计翻译模型的文本简化方法，该工作发表在国际期刊 *IEEE Transactions on Knowledge and Data Engineering* 上。2021 年，作者提出一种无监督的自动构建文本简化训练语料的方法，缓解了现有模型对训练语料的需求，该工作发表在自然语言处理国际会议 EMNLP 2021 上。已有的工作都是关注英语或者其他语言的文本简化，还没有找到汉语的文本简化方面的工作。因此，作者针对汉语的文本简化方法进行了研究，该工作发表在国际期刊 *IEEE/ACM Transactions on Audio, Speech and Language Processing* 上，相关内容将在本书第 9 章进行详细介绍。

本书的研究工作得到了国家自然科学基金面上项目(62076217)的支持，特此向支持和关心作者研究工作的所有单位与个人表示衷心的感谢。书中部分内容参考了国内外有关单位或个人的研究成果，已在参考文献中列出，在此一并致谢。

鉴于作者水平有限，书中难免存在不妥之处，恳请业内专家、学者和广大读者不吝赐教。

目　录

第1章　绪　　论

文本简化(text simplification, TS)是一个任务明确、历史悠久且仍处于研究阶段的课题。本章将讲述文本简化的基本概念、发展历史，比较不同的文本简化方法，介绍常用的文本简化语料和评估方法，并介绍其相关应用。

1.1　概　　述

本节将介绍一些最基础的文本简化的定义、发展过程、方法和相关的任务。

1.1.1　文本简化定义

文本简化是指在保留原有文本信息的情况下，尽可能简化原有文本的内容，从而更容易被更广泛的观众阅读和理解。文本简化的过程通常包括用简单的对等词替换困难的或未知的短语，以及将长的句法复杂的句子转换成短的不太复杂的句子。

文本简化的任务是自然语言处理的一个研究分支，与计算语言学、自然语言理解之间存在密不可分的关系。文本简化通常还被当成一种单语言的机器翻译任务，许多文本简化方法都来源于机器翻译方法。

近年来，人们对自动文本简化的兴趣与日俱增，尽管已经提出了许多方法和技术，但到目前为止，自动文本简化方法和技术还远远不够完善。研究者所针对的语言数量不断增加，目前简化系统和简化研究至少存在于英语、葡萄牙语、日语、法语、意大利语、巴斯克语和西班牙语中。

1.1.2　文本简化发展过程

本节介绍文本简化方法的发展过程，如图1.1所示。1949年，文本可读性被正式地定义为文本材料中影响读者理解、阅读速度和对材料兴趣水平的所有元素的总和[1]。可读性评估的方法不断演变，从传统的通用公式(带有两个或三个变量，以及少量的专家标签数据)到基于机器学习的框架(使用聚合的、非专家众包的、从大型语料库中训练出来的文档的丰富特征表示)标签，再到不需要特征的基于深度学习的方法，都是为了更好地理解文本更深层面的语义信息。

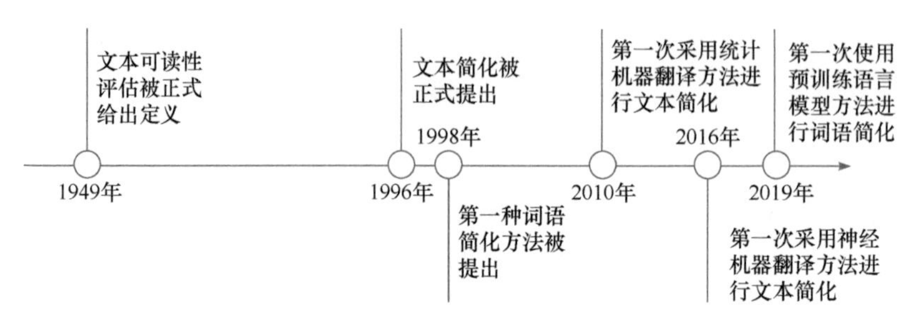

图 1.1　文本简化发展的时间轴

1996 年，文本简化正式地被 Chandrasekar 等[2]提出，主要是因为当时一些自然语言处理任务不能处理长而复杂的句子，如机器翻译、信息获取和文本摘要。该方法主要是利用一些人工标注的规则进行句法结构的简化。后来，文本简化也被研究如何更好地服务于语言能力有限或有语言障碍的人，如诵读困难者、自闭症者和失语症者。目前，研究最多的文本简化方法是英文的文本简化，主要关注词语的简化和句法的简化两个方面。文本简化方法的发展大致可以分为三个阶段，即基于规则的文本简化方法阶段、统计文本简化方法阶段和神经文本简化方法阶段。

基于规则的文本简化方法主要关注句法的简化，通过人工定义一些规则把长而复杂的句子转变为多个句子。利用算法自动识别规则的文本简化方法由于没有很好的平行语料进行学习，无法取得很好的效果。但是，该类方法随着规则数目的减少，效果反而变好。2014 年，Siddharthan 等[3]定义了 136 个手写语法规则进行英文文本简化。2016 年，Ferrés 等[4]使用了 76 个手工构建的转换模式进行英文文本简化。2019 年，Niklaus 等[5]手工制定了 35 个英文规则，取得了最好的句法简化效果。该类方法由于需要语言学家采用语法术语建模，并没有得到足够的关注。

由于基于规则的文本简化方法关注的是句法的简化，Carroll 等[6]于 1998 年提出了第一种词语简化方法，只专注于文本简化中的词语简化，主要利用同义词词典(WordNet)进行同义词替换。之后一系列利用平行语料和词嵌入模型的词语简化方法被提出。最近几年，预训练语言模型快速发展，很多自然语言处理任务基于预训练语言模型都取得了突破性的进展。Zhou 等[7]和 Qiang 等[8]分别于 2019 年和 2020 年提出了基于预训练语言模型的词语简化方法，这标志着预训练语言模型在文本简化中得到应用。

20 世纪 90 年代，IBM 研究院的研究人员提出了 IBM Model 1-5，主要基于香农信息论中针对编码器的“噪声-信道”模型，支持词到词的统计机器翻译。2000 年之后，借助互联网的发展，统计机器翻译模型走向了民用，IBM、微软、谷歌、百度等各大互联网技术(internet technology, IT)公司都相继发布了能够支持世界上几十种常用语言的互联网机器翻译系统，极大地提高了人们使用机器翻译的便利性。2010 年，Specia[9]把文本简化方法当成单语言的机器翻译任务。近些年，许多文本简化方法都是直接或者间接使用机器翻译的方法。研究文本简化的目的从最初服务于机器翻译等自然语言处理任务，发展到基于机器翻译方法应用于文本简化任务。导致这类现象的原因主要是机器翻译方法得到全世界的广泛关注，许多机器翻译方法甚至取得与人类翻译相比拟的结果，而文本简化方法到这一步还有很长的路要走。

2014 年以后，端到端模型的提出[10]，使翻译质量得到显著提升。此架构由编码器和解码器两部分组成，其中编码器负责将源语言句子编码成一个实数值向量，然后解码器基于该向量解码出目标译文。该架构是一种全新的机器翻译模型框架，其特点是实现了词的分布式表示，翻译过程中可更加容易地利用上下文信息，自动学习上亿参数量。2016 年，Wang 等[11]第一次尝试利用神经机器模型翻译解决文本简化任务。最近几年，基于神经网络的文本简化方法已经成为主流的文本简化方法。

1.1.3 文本简化方法

文本简化方法主要可以分为基于规则的文本简化方法、词语简化方法和基于机器翻译的文本简化方法。基于机器翻译的文本简化方法由于建模方法不同，又可以细分为统计文本简化方法和神经文本简化方法。

1. 基于规则的文本简化方法

依靠人工编撰句法简化的规则，专家总结各种语法结构的转换规则，形成规则知识库。在句子简化过程中，计算机利用转换规则对输入的复杂句子进行解码，将原句子简化为多个简单的句子。

基于规则的文本简化方法一般可以分为分析、匹配和生成三个阶段。分析阶段完成对原句子的解析，主要通过分析句子句法的依存关系，将原句子解析成一种树状结构表示。匹配阶段将原句子的树状结构与规则知识库中的规则进行匹配。在最后的生成阶段，主要完成每个子句时态、语态的转换，使输出的句子结构完整。

基于规则的文本简化方法以小规模的数据或者语言学家的知识作为来源，其优点是不依赖大规模语料，对资源贫乏的语言也可以快速建立一个简化系统。该类方法的缺点是规则描述的范围较大，导致句子简化结构内容比较僵化、生硬，质量较差。规则的质量和规模依赖语言学家的知识和经验，所付出的人工代价比较高。

考虑到基于规则的文本简化方法的局限性，基于神经网络模型的句子分割方法成为一个重要的研究方向，该类方法只需要标注好语料，神经网络就可自动学习句子的分割，不需要人工参与。基于规则的文本简化方法和基于神经网络模型的句子分割方法将在第 5 章展开介绍。

2. 词语简化方法

词语简化指在不破坏原有句意的情况下，使用更容易阅读(或理解)的词或者短语代替原始文本中的复杂词。大多数词语简化方法需要以下三个步骤。①复杂词识别：判断给定句子中哪些词是复杂词；②候选词生成：生成可替换复杂词的候选词集合；③候选词排序：根据简单性、流畅性等特性对候选词进行排序。复杂词识别较常用的是利用词频、词典和二分类方法识别句子的复杂词。候选词生成从最先的同义词词典到词嵌入模型，再到现在的预训练语言模型。候选词排序一般都是考虑对多个特征进行排序，如词频、候选词和复杂词的相似度、语言模型等。

词语简化方法一般都是无监督方法，适用于不同的语言。但是目前还存在的问题是将复杂词替换后，无法对句子的流畅性和原有句意进行很好的衡量。词语简化方法将在第 4 章展开介绍。

3. 统计文本简化方法

统计文本简化方法是从直接使用统计机器翻译模型，到现在的在统计机器翻译模型的基础上，考虑删除、替换和重排等操作，优化输出句子的简单性。统计机器翻译过程对整个原句子的翻译过程进行数学建模，生成一个概率模型。不同的原句子短语片段分割方法、不同的短语片段转换结果以及不同的目标短语片段顺序调整，汇集在一起形成一个巨大的搜索空间。统计机器翻译方法在这个搜索空间中找出概率最大的一条路径，其对应的各种操作形成的目标句子就是最终的简化输出。

该类方法不再依赖人工编撰翻译规则，可以自动学习细粒度的短语级别的简化知识。此外，该方法在鲁棒性和可扩展性方面明显优于基于规则的文本简化方法。统计文本简化方法将在第 6 章展开介绍。

4. 神经文本简化方法

神经文本简化方法采用一种端到端的模型，直接将一个原句子转化为目标简化句子，具体是利用编码器将原句子转化成一个向量，该向量形成了对原句子的一种分布式表示，然后基于此向量表示利用解码器依次生成目标词序列，直到生成整个目标句子。神经文本简化方法的特点是整个简化过程是一个端到端的计算过程，但内部具体的计算过程很难从语言学的角度进行解析。该类方法的优势是能够充分利用句子中的上下文信息，输出的句子流畅度很高。由于该类方法需要学习大量的训练语料，而目前文本简化缺少大规模的平行语料，因此神经文本简化方法没有在机器翻译、文本摘要等领域取得那么好的效果。本书将在第7章介绍神经文本简化方法。

1.1.4 相关的文本重写任务

文本简化可以被当成一种文本重写任务。这里介绍文本简化与其他文本重写任务之间的关联性。

1. 文本摘要

从文本简化的定义来看，该任务很容易与文本摘要(document summarization)混淆。正如Shardlow[12]指出，文本摘要的重点是通过删除不重要或冗余的信息来减少篇幅和内容。在文本简化过程中，也可以进行一些内容的删除。然而，在文本简化中，还可以用更具解释性的短语替换单词，使句子意思表达更加明确，添加连接词以提高流利性，等等。简化后的文本可能会比原来的文本更长，但可读性得到提高。因此，文本摘要与文本简化虽然相关，但目的不同。

2. 句子压缩

句子压缩(sentence compression)[13]是在保留核心内容的情况下，缩减句子的长度，同时保持句子的语法性。大多数句子压缩方法侧重于删除不必要的单词，因此，该任务可以看成是文本简化过程的一个子任务。句子压缩还包括了更复杂的转换，例如，抽象句子压缩(abstractive sentence compression)[14]包括如替换、重新排序和插入之类的转换。然而，抽象句子压缩的目标仍然是减少内容，而不关注能否提高文本的可读性。

3. 分割并复述

分割并复述(split-and-rephrase)[15]专注于将一个句子分成几个较短的句子，并进行必要的重新措辞，以保持意义和语法。该任务可能涉及删除，所以并不总是能够保留原始的意义，反而可能会删除那些分散读者理解文本中心信息的细节。因此，该任务可以被视为简化过程中的另一种可能的文本转换。在第 5 章将对该任务进行详细的介绍。

1.2　文本简化语料

数据也称语料，不同类型、用途的数据放在一起完成一项任务，称为语料库。自然语言处理任务离不开语料库。无论是统计文本简化方法还是神经文本简化方法，都需要大量的语料来训练模型。虽然语料库是承载语言知识的基础资源，但并不等于语言知识。因此，文本简化系统需要能够从语料库中学习简化知识和构造句子的知识，并且用模型来刻画、表达这些知识，达到简化任务中的目标文本生成的目的。

语料分为简化语料和平行语料，不同类型的语料在文本简化任务中具有不同的使用方式和价值。

简化语料可以用于训练语言模型和识别简化的词。语言模型在翻译系统中用于刻画句子的流畅程度，通常作为一个特征函数融入统计机器翻译的对数-线性模型框架中，也可以用于对机器翻译产生的多个候选简化句子按照语言模型计算得分重新排序，提高最佳简化文本选择的质量。对于词语简化，识别文本中的复杂词一直是一项非常艰巨的任务，其中最常用的一种策略是统计在简化语料中的词频。

目前，最常使用的简化语料的资源如下所示。

(1) 简单维基百科(simple Wikipedia[16])①：一个由 60000 篇简单维基百科文章组成的文本语料库。该资源在创建和评估 LS(lexical simplification)系统时常被使用到。

(2) SUBTLEX[17]：从总计 8388 部不同类型的电影中提取的字幕组成的语料库。与其他使用更广泛的语料库(如维基百科)相比，该语料库中的词频更能反映人们对单词简单性的认知。

(3) SubIMDB[18]：从关于儿童和家庭的 38102 部电影中提取的字幕组成的语料库。Paetzold 等[18]的实验表明，该语料库中的词频比其他大型语料库中的词频更能反映人们对单词简单性的认知。

(4) Bootstrapped MRC[19]：一个 MRC 心理语言数据库[20]，包含 85942 个单词的心理语言学特征。Paetzold 等[19]的研究表明，这些特征有助于创建可靠的词语简化程序。

---

① https://simple.wikipedia.org.

平行语料是由复杂句和简单句构成的集合。平行语料是文本简化模型的基石，平行语料的规模和质量对文本简化系统的性能至关重要。显然，平行语料的简单部分也可作为 1.1 节提到的各种任务。

在基于统计机器翻译的文本简化系统中，平行语料经机器学习算法处理后被拆分成词、短语等碎片信息，来表达基本颗粒度的翻译知识。基本颗粒度的翻译知识和语言模型以及其他各种不同的特征信息共同作用，经过组合、排序、搜索等操作后将复杂句子翻译成简化句子。在基于神经机器翻译的文本简化系统中，平行语料处于网络模型架构的两端，其中复杂句子作为输入，对应的简化句子作为输出的标签信息。平行语料中的简化句子是复杂句子的参考翻译目标，真实的翻译结果与简化句子之间的差异最小化是神经机器翻译模型训练的优化目标。神经机器翻译模型训练正是依靠平行语料中的复杂句子和简化句子的对应关系来逐步调整、优化内部的翻译知识的转换过程。

原句子可以与一个(1-to-1)或多个(1-to-*N*)简化句子对齐。同时，几个原始句子也可以与一个简化句子(*N*-to-1)对齐。在本节中描述的语料库包含了这三种类型的对齐[21]。

1.2.1 维基百科平行语料

简单英语维基百科(simple English Wikipedia, SEW)是在线英语维基百科(English Wikipedia，EW)的一个版本，主要针对英语学习者，但也可以对学习困难的学生、儿童和成人有益。因此，SEW 中的文章使用更少的单词和更简单的语法结构。例如，鼓励作家使用《基础英语词汇表》[22]，其中包含 850 个被认为足以用于日常生活交流的单词。本书也有一些关于创建句法简单的句子的指导方针，例如，优先考虑句子的主谓宾顺序，避免复合句。

1. 简化实例

在句子简化中广泛使用维基百科语料进行研究，主要因为 EW 和 SEW 中文章的句子之间存在一定的对应关系。影响平行语料质量的关键就是如何设计方法提取对齐的句子。一种方法是根据文本的词频-反文档频率(term frequency-inverse document frequency, TF-IDF)余弦相似度来对齐文本。对于 WikiSmall 语料库，Zhu 等[23]直接在句子层面上计算每篇文章的所有句子之间的相似度，并将相似度超过某个阈值的句子对齐。对于 C&K-1[24]和 C&K-2[16]语料库，作者首先利用 TF-IDF 余弦相似度对段落进行对齐，然后利用 Barzilay 等[25]提出的动态规划算法找到最佳的句子对齐。该算法考虑了上下文的影响，即两个句子之间的相似度受其与高相似度句子对的接近程度的影响。

Woodsend 等[26]也采用 Coster 等[24]的两步过程，在编译 AlignedWL 语料库时使用 TF-IDF 余弦相似度。

另一种方法是利用维基百科文章中的修订历史。当编辑者更改文章内容时，需要对更改的内容和原因进行评论。对于 RevisionWL 语料库，Woodsend 等[26]在 SEW 文章的修订评论中寻找关键词 simple、clarification 或 grammar，并使用 Unix 命令 diff 和 dwdiff 分别识别修改过的部分和句子，从而生成对齐的句子。这种方法受到 Yatskar 等[27]的启发，Yatskar 等用了类似的方法自动提取高质量的词语简化(例如，collaborate→work together)。

此外，一些工作还探索了更复杂的句子相似度计算技术。对于 EW-SEW 语料库，Hwang 等[28]基于 Wiktionary 实现了一种基于词级语义相似度的对齐方法。首先，他们利用 Wiktionary 中的同义词信息和词语共现信息构建一个词图。然后，根据词与词之间在图中共享邻居的数量来度量词语之间的相似度。接着，将这个词语之间的相似度度量与依存结构之间的相似度评分相结合。最后，似度利用贪婪算法的策略强制将原句子和简化句子之间进行 1 : 1 的匹配。Kajiwara 等[29]提出了几种基于词嵌入对齐的相似性度量方法。给出两个句子，它们的最佳度量标准是为一个句子中的每个单词找到与另一个句子中最相似的单词，然后平均句子中所有单词的相似度。对于对称性，句子相似度被计算两次(简化句子→原句子，原句子→简化句子)，两次的平均值作为两个句子之间的最终相似度值。这个指标被用来对齐 2016 年维基百科文件块中文章的原句子和简化句子，并生成 sscorpus 语料。它包含相似度超过某个阈值的 1-to-1 对齐句子。

这里所述的对齐方法已经从 EW 和 SEW 生成了不同版本的平行语料库，目前正被用于文本简化的研究。表 1.1 总结了它们的一些特性。

表 1.1　从 EW 和 SEW 提取的平行语料库的统计信息

语料库	样本数目	对齐类型
WikiSmall	108000	1-to-1, 1-to-*N*
C&K-1	137000	1-to-1, 1-to-*N*
RevisionWL	15000	1-to-1*, 1-to-*N**, *N*-to-1*
AlignedWL	142000	1-to-1, 1-to-*N*
C&K-2	167000	1-to-1, 1-to-*N*
EW-SEW	392000	1-to-1
sscorpus	493000	1-to-1
WikiLarge	286000	1-to-1*, 1-to-*N**, *N*-to-1*

*某些对齐的简化句子可能不是唯一的。

RevisionWL 是列出的最小的平行语料库，可能包含了更多的噪声实例。1-to-1 对齐意味着一个原句子与在语料库中重复出现的一个简化句子对齐。1-to-N^*对齐意味着一个原句子可以与几个简化句子对齐，但是有些(或全部)在语料库中出现不止一次。N-to-1*对齐意味着将多个原句子对齐到一个在语料库中重复出现的简化句子。句子的重复出现意味着句子之间的错位，使得语料库变得嘈杂。

EW-SEW 和 sscorpus 是目前能够获取的包含最多实例的文本简化语料库。这些语料库为每个对齐的句子对指定一个相似度分数，可以用于过滤出可信度较低的实例，达到减少噪声的目的。但是，它们只包含 1-to-1 的对齐。尽管 WikiSmall、C&K-1、C&K-2 和 AlignedWL 的规模较小，但都提供了 1-to-N 对齐。如果想要句子简化模型学习如何拆分句子，这些都是不错的语料库。

WikiLarge 语料库集成了四个基于维基百科的语料库的实例：WikiSmall、C&K-2、AlignedWL 和 RevisionWL[30]。WikiLarge 语料库是目前最常用的，广泛用于训练句子简化的序列到序列模型(见第 7 章)，但是，它不是目前可用的最大的文本简化语料库，并且包含了大量的噪声实例。

2. 简化研究的适用性

为了确定基于维基百科的语料库是否适合简化任务，对此进行了很多研究。一些研究集中在确定 SEW 是否是真的简单语料。Yasseri 等[31]对 2010 年以来的整个语料库进行了一次统计分析，发现尽管 SEW 文章使用的复杂词较少、句子较短，但其句法复杂度与 EW 基本相同。其他一些研究专注于训练句子简化模型的平行语料的质量。Coster 等[24]发现在 C&K-1 语料库中，大多数(65%)的简单段落与原文不一致，即使在对齐的段落之间也不是每个句子都对齐，大约 27%的实例是相同的，这可能会诱导句子简化模型学习不修改原句子，或者执行非常保守的重写转换。Xu 等[32]分析了 WikiSmall 语料库，从中随机选取 200 个实例，发现大约 50%的对齐不是真正的简化，包括 17%的误对齐和 33%的简化句子复杂程度与原句子相同。虽然由相同句子难度组成的句子对于学习何时不简化非常重要，但是不对齐的句子会增加数据的噪声，并阻止模型学习如何准确地执行简化。

另一个研究方向是试图确定在可用的平行数据中包含的简化转换。Coster 等[24]在 C&K-1 中使用了单词对齐之后，发现句子中对转换的规则有改写(65%)、删除(47%)、重新排序(34%)、合并(31%)和拆分(27%)。Amancio 和 Speca 也从 C&K-1 中提取了 143 个实例，并对所执行的简化转换进行了手动注释：句子分割、转述(单字或整句)、信息删除、句子重新排序、信息插入和错位。他们发现最常见的操作是转述(39.8%)和信息删除(26.76%)。Xu 等[32]根据简化程度对他们在 WikiSmall 中遇到的实际简化进行了分类，发现句子中对转换的规则有删除(21%)、转述(17%)和删除+转述(12%)，这些结果显示了 WikiSmall 中存在词语简化和压缩操作。此外，他们发现该语料简化并不理想，因为很多实例只有几个单词被简化(替换或删除)，其余的则保持不变。

以上研究证明了从 EW 和 SEW 对齐中提取的语料库存在问题。噪声数据的存在以及各种简化转换的缺乏可能导致从这些语料库中学习的简化模型并不是最优的。然而，它们的规模和公共可用性是句子简化研究的重要资源，简化模型已经被证明可以从这些数据中学习执行一些简化(尽管仍然存在错误)。一个很有希望的方向是设计出减少数据中噪声影响的方法。

1.2.2 Newsela 语料库

为了克服 EW 和 SEW 中存在的问题，Xu 等[32]引入了 Newsela 语料库。Newsela 语料库是一个质量更高的文本简化语料库，是为了满足不同年级儿童的需求，由专门的编辑人员重新撰写的新闻文章语料库。该语料库包含 1130 篇新闻文章，每篇文章为不同年级的孩子重写了 4 次，获得了四个简化版本(SIMP-1 最不简单，SIMP-4 最简单)。Newsela 语料库可以用来帮助教师选择符合学生专业知识的材料。通过分析 Newsela 语料库和 WikiSmall 语料库中的词汇使用情况，发现将原始文档和更简单的版本进行比较时，Newsela 语料库中的词汇显著减少(50%)。对 Newsela 语料库中 50 个随机自动对齐的句子对进行手动分析(图 1.2)，结果显示 Newsela 语料库中句子简化操作有着更好的分布。

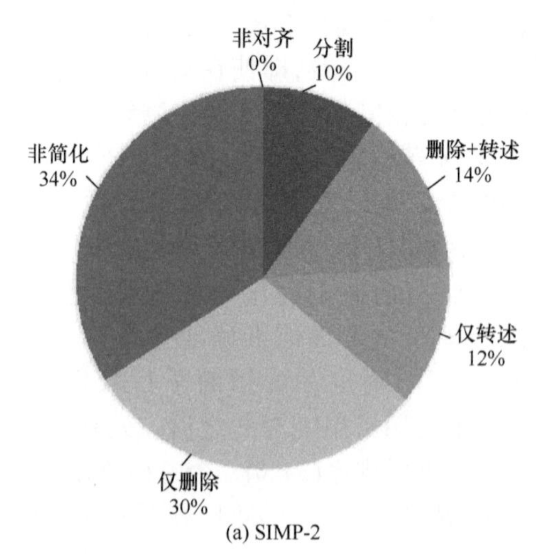

(a) SIMP-2

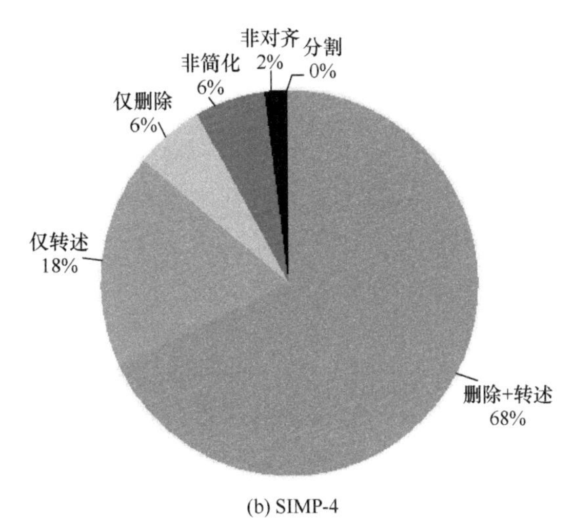

(b) SIMP-4

图 1.2　Newsela 语料库中两个简化版本的例句中简化转换的人工分类

图 1.2 的统计数据表明，人们仍然倾向于压缩和词汇替换转换，而不是更复杂的语法变化。句子分割只出现在早期的简化版本中。此外，与 EW 和 SEW 一样，有些句子并不比前一个版本中的对应语句简单。这很可能是因为它们不需要任何进一步的简化，就可以符合当前版本的年级水平的可读性要求。

Xu 等[32]还对 WikiSmall 语料库和 Newsela 语料库的原文和简化文本中最常见的句法模式进行了分析。这些模式是从句法解析树中提取的父节点(头节点)→子节点结构。总体来说，维基百科语料库的简单句子比 Newsela 语料库更倾向于保留复杂模式。最后，对影响可读性的语篇连接词进行了研究，发现简单的提示词更容易出现在 Newsela 语料库的简化矩阵中，复杂的连接词在维基百科中被保留的概率更高。这将有助于研究语篇特征如何影响简化。

1. 简化实例

Newsela 语料库是可以免费获得用于研究目的的语料库，但它不能重新分发。这大大影响了对于 Newsela 语料库的广泛研究，不同论文生成的对齐的平行句子无法获取。因此，在没有数据的共同分割和相同的文档、段落和句子对齐的情况下，很难比较使用此语料库开发的句子简化模型。

Xu 等[32]采用 jaccard 相似度句子对齐算法对原始文档和简化文档进行自动对齐，具有最高相似性的对齐将成为简化实例。

Štajner 等[33]探索了三种相似性度量和两种对齐方法来生成 Newsela 语料库中的段落和句子对齐。第一种相似性度量是先利用字符 3 元文法对句子进行表示，然后利用余弦相似度计算。第二种相似度度量是先利用文本片段中所有单词的词向量的平均值对句子进行表示，然后使用余弦相似度计算，这里词向量来源于维基百科语料库中训练的词嵌入模型。第三种相似性度量是计算文本片段中所有单词的词嵌入向量之间的余弦相似度(而不是平均值)。在对齐方法方面，第一种方法使用任何一种上述的度量方法来计算文本中所有可能的句子对之间的相似度，并选择相似度最高的一对作为对齐。第二种方法首先使用任何一种上述的度量方法来计算文本中所有可能的句子对之间的相似度，但不是选择相似度最高的一对，而是假设在简化文本中保留原文的句子顺序，从而选择最能支持这一假设的句子对齐顺序。根据对 10 篇原文和 3 篇相应的简化版本的判断，对生成的实例进行评价。他们的最佳方法是使用字符 3 元文法模型来度量文本片段之间的相似性，并使用第一种对齐方法进行对齐。

Alva-Manchego 等[34]使用了 Paetzold 等提出的邻近驱动算法[35]，从 Newsela 语料库中生成连续版本之间的段落和句子对齐。在给定两个文档/段落的情况下，该方法首先利用 TF-IDF 余弦相似度在所有段落/句子之间建立相似度矩阵。然后，在矩阵中选择一个最接近(0,0)的坐标，该坐标对应一对相似度高于某个阈值的文本片段。从这一点开始，迭代地在邻近层次结构中搜索良好的对齐，即 V1(1-to-1，1-to-*N*，*N*-to-1 对齐)、V2(跳过一个片段)和 V3(长距离跳过)。他们首先对齐段落，然后在每个段落内对齐句子。提取的句子对齐对应于 1-to-1、1-to-*N* 和 *N*-to-1 实例。对齐算法作为 MASSAlign 工具箱①的一部分已经公开[36]。

因为 Newsela 语料库中的文章有不同的简化版本，对应于不同的等级，使用连续版本(如 0-1、1-2、2-3)之间段落或句子对齐的模型可能会学习到与使用非连续版本(如 0-2、1-3、2-4)不同的文本转换。当从语料库中自动产生对齐句子时，这是非常重要的。

2. 简化研究的适用性

Scarton 等[37]研究了来自 Newsela 语料库的自动对齐句子，确定其是否适合句子简化。他们首先从可读性和心理语言学的角度对语料库进行分析，确定了每一篇文章的版本确实比前一个版本简单；然后用这些句子来训练四个不同任务的模型，即复杂与简单分类、复杂度预测、词语简化和句子简化。语料库被证明对前三个任务是有用的，并且在词语简化任务中取得了最高性能。句子简化任务的结果是不确定的，需要进行更深入的研究。若用 Newsela

---

① https://github.com/ghpaetzold/massalign.

语料库对句子简化进行研究，他们建议需要注意用于训练模型的句子对齐类型。Siddharthan[38]对语篇连接词的分析表明，Newsela 语料库中的连接词比 WikiSmall 语料库中的连接词更丰富。而且，Newsela 语料库与 Simplext 语料库或 PortSimples 语料库一样包含文档级的简化，因此可以进行文档级的简化研究，而不仅限于句子级的简化。

Newsela 语料库的句子对齐是匹配算法自动计算的，导致很多对齐的句子并不是非常完美。另外，它的数据只能在签署限制性的公共共享许可证之后才能访问，并且不能重新分发，这妨碍了可重复性。

1.2.3 英文的其他资源

本节将描述一些其他的英文文本简化资源，具体包含：用于模型调整和测试的一般语料库(TurkCorpus)和领域特点的语料库(SimPA)，用于句子分割评估的语料库(HSplit)，既包含词语简化也包含句法简化的语料库(ASSET)，用于可读性评估的语料库(OneStopEnglish)，用于句子分割和转述的训练和测试语料库(WebSplit 和 WikiSplit)。

1. TurkCorpus

像其他的文本改写任务一样，对于给定的原句子，没有一个正确的简化方法。因此，Xu 等[39]从 WikiLarge 语料库中选择了 2359 个句子，利用亚马逊土耳其机器人(Amazon mechanical Turk, AMT)众包平台对其进行标注，其中每个句子标注了 8 个简化句子，得到的语料库称为 TurkCorpus。2359 个句子中的 2000 个句子用于验证，359 个句子用于测试。该语料库成为英文文本简化 WikiLarge 语料库中最常用的评估语料。

2. HSplit

Sulem 等[40]创建了一个专门用于评估句子分割的多参考句子的语料库 HSplit。他们从 TurkCorpus 语料库的测试集中提取句子，并按照下面两种情况进行人工简化：①尽可能多地拆分原句子；②仅在简化原句子时才进行拆分。两个注释人员参与了这项标注任务。

3. ASSET

针对 WikiLarge 语料库验证集和测试集(2359 个样本)更多关注的是词语简化，HSplit 语料库主要关注句法转化，Alva-Manchego 等[41]引进了一个新的语料库 ASSET，对 2359 个样本采用众包技术重新进行了标注，同时关注句法和词语转化。对每个原句子进行多种重写转换，每个样本标注 10 个简化句子，ASSET 语料库总共包含 23590 个简化。通过实验评估，相对 WikiLarge 语料库，ASSET 语料库包含的简化句子更适合评估文本简化方法。语料库 TurkCorpus、HSplit 和 ASSET 的统计信息如表 1.2 所示。这三个语料库的一些例子显示如表 1.3 所示。

表 1.2　语料库 TurkCorpus、HSplit 和 ASSET 的统计信息

语料库		TurkCorpus	HSplit	ASSET
原句数目		2359	2359	2359
简化句子数目		10	8	4
简化实例类型	1-to-1	17245	18499	408
	1-to-N	6345	373	1028
简化句子长度		19.04	21.29	25.49

表 1.3　不同版本简化语料库的例子

语料库	简化的句子
Original	Their eyes are quite small, and their visual acuity is poor.
TurkCorpus	Their eyes are very little, and their sight is inferior.
HSplit	Their eyes are quite small. Their visual acuity is poor as well.
ASSET	They have small eyes and poor eyesight.
语料库	简化的句子
Original	His next work, Saturday, follows an especially eventful day in the life of a successful neurosurgeon.
TurkCorpus	His next work at Saturday will be a successful Neurosurgeon.
HSplit	His next work was Saturday. It follows an especially eventful day in the life of a successful Neurosurgeon.
ASSET	“Saturday” records a very eventful day in the life of a successful neurosurgeon.
语料库	简化的句子
Original	He settled in London, devoting himself chiefly to practical teaching.
TurkCorpus	He rooted in London, devoting himself mainly to practical teaching.
HSplit	He settled in London. He devoted himself chiefly to practical teaching.
ASSET	He lived in London. He was a teacher.

4. SimPA

Scarton 等[37]还引入了一个与前面描述不同的语料库 SimPA，其主要特点如下：①包含来自公共行政领域的句子，而不是常用领域的语料库，如维基百科和新闻；②词汇和句法简化是独立进行的。前者可用于验证和/或评估不同领域中的句子简化模型，而后者允许单独分析两个子任务中句子简化模型的性能。目前的语料库包含1100个原句子，每一个句子都有三个词语简化的参考句子和一个句法简化的参考句子。这种句法简化是从随机选择的每个原句子的词语简化的参考句子开始的。

5. OneStopEnglish

Vajjala等[42]编制了一个由189篇新闻文章组成的平行语料库，即OneStop-English，这些文章被教师改写为三个层次，主要对象是把英语作为第二语言的成年人：初级(elementary)、中级(intermediate)和高级(advanced)。此外，他们使用余弦相似度自动对齐所有级别的文章之间的句子，生成了1674个ELE-INT、2166个ELE-ADV和3154个INT-ADV。创建这个语料库的最初动机是帮助在文档和句子级别上进行自动可读性评估。然而，OneStopEnglish也可以用来测试在更大的语料库上训练的模型，针对不同的目标受众的泛化能力。

6. WebSplit

Narayan等[15]引入了分割和重新转述的任务，并为此任务的模型训练和测试创建了一个语料库。他们从WEBNLG语料库[43]中提取信息，得到WebSplit语料库。语料库中的每个条目包含：①一个原句子的意义表示(MR)，它是一个资源描述框架(RDF)三元组(主语-属性-对象)；②意义表示对应的原句子；③几个MR句子对，它们代表原句子的有效分割("简单"句子)。在第一次公开后，Aharoni等[44]发现验证集和测试集中大约90%的独特"简单"句子也出现在训练集中，因此，他们提出了一种新的数据分割方法，确保：①每个RDF关系都在训练集中表示；②每个RDF三元组只出现在一个数据分割中。后来，Narayan等针对以上约束更新了原始语料库。

7. WikiSplit

Botha等[45]根据英语维基百科编辑历史为拆分和重新转述任务创建了WikiSplit语料库。在该语料库中，每个原句子只与两个简单的句子对齐。Botha等采用了一种简单的启发式方法：第一个简单句的三元组前缀和第二个简单句的三元组后缀分别匹配。这两个简单的句子也不应该有相同的三元后缀。根据经验阈值，使用基于机器翻译的评估指标BLEU的分数对对齐的句子进行过滤。最后的语料库包含100万个实例。

1.2.4　三个最常用的英文平行语料的对比

最近几年发表的有关英文文本简化的论文中最常使用的三个语料库分别是WikiSmall、WikiLarge 和 Newsela。表 1.4 给出了更具体的一些统计信息。将WikiLarge 语料库和 TurkCorpus 语料库进行组合，即可构建包含训练集、验证集和测试集的新 WikiLarge 语料库。

表 1.4　平行语料的统计信息

语料库	样本数目			词汇表大小		句子长度	
	训练集	验证集	测试集	源	目标	源	目标
WikiSmall	88837	205	100	113368	93835	24.26	20.33
WikiLarge	296402	2000	359	201841	168962	25.17	18.51
Newsela	94208	1129	1077	41066	30193	25.94	15.89

1.2.5　其他语言的资源

可用于文本简化的最流行资源主要针对英语文本简化，也有一些针对其他语言的文本简化资源，如下所示。

(1) 巴斯克语：Gonzalez-Dios 等[46]从科技杂志(复杂语料库)和儿童网站(简单语料库)收集了 200 篇科技文本，使用这些语料库来分析复杂性，但是语料库中的文章并不是平行语料。

(2) 葡萄牙语：Caseli 等[47]编辑了 104 篇报纸文章(复杂语料库)，首先要求语言学家根据事先制定的简化规则对相应的文章进行简化；然后注释者对上一步执行的简化进行注释。该语料库共包含 2116 个实例。

(3) 丹麦语：Klerke 等[48]创建了 DSim 语料库，一个由专业的记者制作的新闻电报及其简化的平行语料库。该语料库共包含 3701 篇文章，总共选取 48186 个自动对齐的句子对。

(4) 德语：Klaper 等[49]从不同的网站抓取文章，收集了大约包含 7000 个句子的语料库，其中接近 78%的句子是自动对齐的。

(5) 意大利语：Brunato 等[50]收集并手动对齐了两个语料库，一个包含 32 部儿童短篇小说及其人工简化版本，另一个则由教师制作并简化的 24 篇文本组成，此外，还手动为执行的简化转换添加注释。Tonelli 等[51]介绍了 SIMPITIKI 语料库，该语料库从意大利语维基百科的修订历史中提取对齐的原始简化句子，并使用与 Brunato 等相同的方案进行注释。Tonelli 等的论文中描述的语料库包含 345 个实例及 575 个简化转换注释。作为 SIMPITIKI 的一部分，Tonelli 等还通过简化 Trento 市政当局的文档(共 591 条注释)创建了一个公共领域的语料库。

(6) 日语：Goto 等[52]发布了一组由日语教师制作的新闻文章及其简化版，他们的语料库包含 10651 个用于训练的实例(自动对齐)、723 个用于验证的实例(手动对齐)，以及 2012 个用于测试的实例(手动对齐)。

(7) 西班牙语：Saggion 等[53]描述了一个由 200 篇新闻文章组成的西班牙语的文本简化语料库。这些文章由专家人士制作，针对的是有学习障碍的人。他们先产生自动对齐句子，并针对一部分语料库手动注释执行的简化转换。Newsela 也提供了西班牙语的简化语料库。

(8) 汉语：Qiang 等[54]标注了一个汉语的词语简化语料库。该语料库给定了句子和对应的复杂词，总共包含 524 个样例，平均每个复杂词有 8.51 个替代词，其中名词 166 个、动词 160 个、形容词 134 个、副词 64 个。详细的语料库标注过程将在第 9 章介绍。

1.3 文本简化评估

确定简化质量的理想方法是人工评估。传统的方法为了评估文本简化系统的输出，主要基于利克特量表(1-3 或 1-5)对输出的流畅性(语法性)、意义保留性(充分性)和简单性等进行度量。流畅性衡量的是输出的语法正确性，意义保留性衡量的是简化句与原句的意思是否一致，简单性衡量的是输出的简单程度。这些标准(在句子层面)是否最适合评估简化句子？有人认为，以任务为导向的评估(如通过阅读理解测试)可以更有效地说明所产生的简化的有用性。不过，这不是一种常用做法，实验设计起来比较困难。

1.3.1 人工评估

人工评估就是利用母语人士衡量原文和简化文本的准确程度。对于某简化系统输出的结果，请专家逐个查看每个简化后的文本，评判其正确性。一种常用的评判方法是让人工评估者按正确性对简化后的文本分级打分。

简化后文本的“正确性”主要通过三个维度进行衡量：流畅性(输出语法和格式正确吗？)、意义保留性(原文所表达的意思在多大程度上保留在输出中？)和简单性(输出是否比原来的句子简单？)。

人工评估过程是简化系统质量的一个主观判断，在实际评估中打出的分值越高，系统的质量就越好。常采用 5 分制的评分标准：1 是很差，2 是差，3 是一般，4 是好，5 是非常好。人工评估结果可以直接反映用户对简化系统质量整体印象的好坏程度。但是评估过程所花费的人力、财力代价是很高的，而且无法保证评估结果的可重现性和一致性，即对同一个句子，在不同的时间段或由不同的评估人员评估，得到的分值可能都不一样。例如，设计一个新的简化算法后，希望检验该算法是否对简化的质量有所改善，这时人工评估很难满足这种要求。因此，需要寻求自动评估解决方案。

1.3.2 自动评估

尽管人工评估是评估简化方法质量的首选方法，但其制作成本高昂，可能需要专家注释师(语言学家)或特定目标受众的最终用户(如患有阅读障碍的儿童)参与。相对于人工评估，自动评估方法的代价小、可重现。因此，研究人员将自动测量作为获得更快、更便宜结果的一种手段。自动评估的指标有以下几类：第一类是将自动简化与手动生成的参考文献进行比较；第二类是基于心理语言学指标计算文本的可读性；第三类是根据特殊注释数据进行培训，以便学会预测所评估的简化的质量或有用性。

1. 基于机器翻译的评估指标

这些指标大部分来源于机器翻译任务，因为可以将句子简化当成单语言的机器翻译任务。最常用的指标有 BLEU(bilingual evaluation understudy)和 TER (translation edit rate)。

BLEU 是使用最广泛的机器翻译评估指标，度量译文与参考翻译之间的相似性。研究发现该度量与机器翻译中的人工判断相关，即使在不同的文档上运行并且针对不同数量的模型参考时，该度量标准也是可靠的。具体计算方法是统计机器译文与参考译文之间的 n 元文法(n-gram，通常 n 取 1、2、3、4)匹配的数目占机器译文中所有 n 元文法总数的比例。在机器译文长度一定的情况下，匹配数目越多代表该候选的译文质量越好。在计算 n 元文法匹配比例的基础上，通过引入一个长度惩罚因子来防止过短的译文出现，以容易获得较高的分值。虽然指标 BLEU 是专门为机器翻译设计的，但在文本简化评估中得到了广泛应用。BLEU 的计算公式为

$$\mathrm{BLEU} = \mathrm{BP} \times \exp\left(\sum_{n=1}^{N} w_n \ln P_n\right) \tag{1.1}$$

式中，N 是考察的最长词序列长度(通常取 4，记为 BLEU-4)；$P_n = m_n / h_n$ 是篇章中所有第 n 元文法匹配的精确率(其中 m_n 是篇章中正确匹配的 n 元文法数目，h_n 是篇章中机器译文第 n 元文法出现的总次数)；w_n 是第 n 元文法匹配的权重(通常取值为 $1/N$)；BP 是一个长度惩罚因子，对长度短于参考译文

的翻译结果句子做出惩罚，计算方式为

$$\mathrm{BP}=\begin{cases}1, & c>r \\ \mathrm{e}^{1-r/c}, & c\leqslant r\end{cases} \tag{1.2}$$

式中，c 为篇章机器译文的长度总和(以词汇计算)；r 为篇章参考译文的长度总和。

当每个句子使用多个参考译文时，会针对所有参考译文计算最高词序列匹配度，但是只选择一个参考译文的长度计入篇章参考译文长度总和。

在简化研究中，一些研究表明，BLEU 与人类对语法和意义保留的评价有很高的相关性，但与简单性无关。此外，Sulem 等[40]也提出 BLEU 指标无法体现简化操作中的句子分割。因此，BLEU 不应作为句子简化模型评估和比较的唯一指标。此外，根据它的定义，这种度量对于每个复杂句子有多个参考句子的语料库更加有用。

TER 指标[55]用于测量更改候选翻译所需的最少编辑次数，以便其与参考翻译之一完全匹配，并通过参考翻译的平均长度进行归一化。最后得分是根据最接近的参考翻译得到的。要考虑的编辑包括插入、删除、替换单个单词，以及单词序列的移位(位置变化)。TER 是编辑距离度量，计算公式如式(1.3)所示，其值范围为 0～100，该值越低越好，

$$\mathrm{TER}=\frac{\#\text{ of edits}}{\text{average }\#\text{ of reference words}} \tag{1.3}$$

为了计算移位的数量，TER 需要遵循两个步骤：①使用动态规划方法来计算插入、删除和替换，并使用贪婪搜索方法来找到最小化插入、删除和替换数量的移位集；②利用最小编辑距离方法和动态规划方法计算出最优的剩余编辑距离。对于简化研究，TER 的中间计算(即编辑计数)已用于显示句子简化模型能够执行的简化操作。然而，这并不是通常的做法，也没有研究证实这些编辑与简化转换相关。

iBLEU[39]是 BLEU 的一个变体，用于衡量候选转述的质量。该度量平衡了候选对象和参考翻译之间的语义相似性，以及候选对象和原句子之间的不相似性。给定候选转述 o、人类标注的参考句子 r_s 和输入文本 s，iBLEU 的计算公式如式(1.4)所示，其取值范围为 0～1(或 100)，值越大越好，

$$\mathrm{iBLEU}(s, r_s, o)=\alpha\times\mathrm{BLEU}(o, r_s)-(1-\alpha)\times\mathrm{BLEU}(o, s) \tag{1.4}$$

通过实验验证，α 一般取值 0.7～0.9。

2. 基于 Flesch 的指标

FRE(Flesch reading ease)[56]是一种衡量文本理解难易程度的指标，它基于平均句子长度和平均单词长度得到。较长的句子可能意味着使用更复杂的句法结构(如从句)，这会增加阅读难度。同样的类比也适用于单词：较长的单词包含前缀和后缀，给读者带来更大的困难。第 3 章将详细介绍该指标的计算公式。该指标得分越低意味着句子越复杂。

FKGL(Flesch-Kincaid grade level)[57]是 FRE 的重新计算，采用等级的水平对句子的难易程度进行表示。等级越低，意味着句子越简单。第 3 章将给出详细的计算公式。

FKBLEU 指标[39]联合了 iBLEU 和 FKGL，以确保生成文本的语法性和简洁性。给定一个输出简化 o、一个参考简化 r 和一个输入原语句 s，FKBLEU 根据式(1.5)计算，计算值越大表示简化效果越好。

$$\text{FKBLEU} = \text{iBLEU}(s, r, o) \times \text{FKGLdiff}(s, o) \tag{1.5}$$

$$\text{FKGLdiff}(s, o) = \text{sigmod}(\text{FKGL}(o) - \text{FKGL}(s)) \tag{1.6}$$

采用基于 Flesch 的指标的计算方式，短句可以获得很好的分数，即使它们是语法不正确或没有保留原意。因此，它们的值可以用来衡量矩阵表面的简单性，但不能用于句子简化模型的整体评估或比较。许多其他更高级的可读性评估指标在简化研究中并不常用。

3. 简化指标

SARI(system output against references and input sentence)[39]指标依据简化句子中词语的添加(add)、删除(del)和保留(keep)计算一个句子的简化性。SARI 设计的思路是奖励模型添加出现在任何参考的句子中但不出现在输入中的 n 元文法(n-gram)，奖励在输出和参考的句子中保留 n 元文法，并奖励不过度删除 n 元文法。SARI 对比系统的输出句子与多个参考的简化句子和原句子。SARI 是添加、保留和删除操作 n 元文法精度的算术平均值，该值越高表示算法越好。作者通过实验验证了 SARI 与人类对简单性增益的判断呈正相关关系。因此，该指标已成为评估和比较句子简化模型输出的标准度量。

假设模型的输出句子为 o、输入句子为 s、参考句子为 r，$\#_g(\cdot)$表示 n 元文法 g 在给定集合出现的二进制指示符。对每个 n 元文法的操作{add, del, keep}，分别计算准确率 $p(n)$和召回率 $r(n)$：

$$p_{\text{add}}(n)=\frac{\sum_{g\in o}\min(\#_g(o\cap\overline{s}),\#_g(r))}{\sum_{g\in o}\#_g(o\cap\overline{s})},\quad \#_g(o\cap\overline{s})=\max(\#_g(o)-\#_g(s),0)$$

$$r_{\text{add}}(n)=\frac{\sum_{g\in o}\min(\#_g(o\cap\overline{s}),\#_g(r))}{\sum_{g\in o}\#_g(r\cap\overline{s})},\quad \#_g(r\cap\overline{s})=\max(\#_g(r)-\#_g(s),0)$$

$$p_{\text{keep}}(n)=\frac{\sum_{g\in s}\min(\#_g(s\cap o),\#_g(s\cap r'))}{\sum_{g\in s}\#_g(o\cap\overline{s})},\quad \#_g(s\cap o)=\max(\#_g(s),\#_g(o))$$

$$r_{\text{keep}}(n)=\frac{\sum_{g\in s}\min(\#_g(s\cap o),\#_g(s\cap r'))}{\sum_{g\in s}\#_g(s\cap r')},\quad \#_g(s\cap r')=\max(\#_g(s),\#_g(r)/m)$$

$$p_{\text{del}}(n)=\frac{\sum_{g\in s}\min(\#_g(s\cap\overline{o}),\#_g(s\cap\overline{r}'))}{\sum_{g\in s}\#_g(s\cap\overline{o})},\quad \#_g(s\cap\overline{o})=\max(\#_g(s)-\#_g(o),0),$$

$$\#_g(s\cap\overline{r}')=\max(\#_g(s)-\#_g(r)/m,0)$$

针对保留(keep)和删除(del)，r' 表示 n 元文法的数目除以参考句子的数目。例如，如果一个 2 元文法在 m 个参考句子中出现 2 个词，则在计算准确率和召回率的时候，它的数目是 $2/m$。针对删除，召回率并没有计算，主要是为了避免奖励过度删除。SARI 采用式(1.7)计算得到：

$$\text{SARI}=d_1F_{\text{add}}+d_2F_{\text{keep}}+d_3p_{\text{del}} \tag{1.7}$$

式中，$d_1=d_2=d_3=1/3$；$F_{\text{ope}}(\text{ope}\in\{\text{add, del, keep}\})$为

$$F_{\text{ope}}(n)=\frac{2\times p_{\text{ope}}(n)\times r_{\text{ope}}(n)}{p_{\text{ope}}(n)+r_{\text{ope}}(n)}$$

$$p_{\text{ope}}=\frac{1}{k}\sum_{n=1}^{k}p_{\text{ope}}(n)$$

$$r_{\text{ope}}=\frac{1}{k}\sum_{n=1}^{k}r_{\text{ope}}(n)$$

SARI 的一个优点是在评估输出句子时既考虑了输入原语句，又考虑了参考句子。这与 BLEU 不同，BLEU 只考虑输出矩阵与参考句子的相似性。虽然 iBLEU 也结合了输入句子和参考句子，但它独立地将输出句子与它们进行比较，然后将这些分数组合在一起，以奖励与参考句子相似但与输入句子

不太相似的输出矩阵。相比之下，SARI 同时将输出句子与输入句子和参考句子进行比较，并奖励按照参考句子样式修改输入句子的输出句子。此外，并非所有的 n 元文法匹配都被认为是相等的：越多的参考句子“同意”保留/删除某些 n 元文法，该 n 元文法在分数计算中的重要性就越高。

SARI 的一个缺点是考虑简化转换的数量有限，将评估限制在 1-to-1 的转述句子上。因此，在度量句子简化模型的性能时，需要与其他度量或评估过程结合使用。另外，如果只有一个参考句子与原句子相同，并且模型的输出不改变原句子，SARI 会对其进行过度惩罚并给出较低的分数。因此，SARI 要求多个不同于原句子的参考句子是可靠的简化句子。

SAMSA(simplification automatic evaluation measure through semantic annotation)[40]指标针对 SARI 的缺点进行设计，考虑了句子分割。作者发现，当句子简化涉及句子结构的变化时，SARI 与人类判断的相关性很低。除了内容复述(SARI 打算对此进行评估)，文本简化方法可能涉及文本句法的转换。对于这些情况，使用 SAMSA 进行评估可能更为合适。SAMSA 是一种旨在测量结构简单性(即句子拆分)的度量标准。然而，除了文献[40]介绍过该指标外，该指标还没有被用在其他的论文中。

4. 基于预测的度量

如果没有参考的简化句子，一种可能的方法就是单独评估输出句子的简单性，或者将其与原句子的简单性进行比较。

在该领域的研究中，大多数方法都试图通过从句子中提取几个特征并训练一个分类模型，利用分类模型把句子分为不同的类别来定义其简单性。例如，Napoles 等[58]使用词汇和形态句法特征来预测一个句子是否更可能来自 EW 还是 SEW。后来，受机器翻译质量评估工作的启发，Štajner 等[59]提出了训练考虑语法性和意义保留的分类器来预测简化句子的质量。在这种情况下，特征值来源于 BLEU 和 TER 的度量值。Štajner 等提出了两个任务：①独立地将句子的语法性和意义保留性分为差、中、好三类；②使用一组三个类(好、需要后期编辑、丢弃)或两个类(保留、丢弃)对简化的整体质量进行分类。这也是第一次文本简化质量评估研讨会(1st Quality Assessment for Text Simplification Workshop)的主要任务，但也考虑了对简单性的自动判断，能够一定程度上衡量简化句子的语法和意义保留情况，但不能作为衡量句子简单性或整体简化质量的评估指标。之后，Martin 等[60]对该工作进行了扩展，使用了更多的特征，并分析了不同的特征与人类在语法性、意义保留性和简单性之间的关联。简化领域中无参考句子的质量评估仍然是一个尚未得到充分探索的领域，主要是因为用作训练数据的标注语料的人工注释收集成本很高。

也有一些方法是根据句子的预测可读水平对句子进行排序。Vajjala 等[61]的研究显示，在 WikiSmall 语料库和 OneStopEnglish 语料库的早期版本中，即使所有简化句子都比对齐的原句子简单，“简单”部分中一些句子的可读水平也高于在“原始”部分某些句子的可读水平。因此，尝试使用二元分类方法来确定一个句子是否简单，可能不是对任务建模的适当方式。为此，Vajjala 等[62]建议使用成对排序来评估简化句子的可读性，他们使用了文献[61]中介绍的在文档级模型中使用的特性，试图学习预测两个给定句子中哪一个更简单。

另外，一些文本简化研究还使用机器翻译任务中的 METEOR[63]和文本摘要任务中的 ROUGE[64]。

1.3.3 讨论

本节描述了如何使用人工和自动度量来评估句子简化模型的输出，不仅解释这些方法，而且给出它们的优缺点。

针对人工评估，常常被忽视的一个重要方面是应该使用与训练数据相同的目标受众人群进行评估。这一点在进行输出句子的简单性判断时尤其重要，因为它具有主观性。例如，一个非母语但是能够熟练使用语言的成人认为的“简单”可能不适合说母语的小学生。即使是在同一个目标群体中，也可能出现简单性需求和判断上的差异。这就使一些研究人员开始专注于开发和评估个性化简化模型。此外，应该仔细考虑的是将简化文本的质量作为一种内在特征来更好地加以判断，还是应该根据其执行另一项任务的有用性来评估它。质量评估的重点是评估自动输出的内容是否符合语法，是否表达同样的意思，是否更容易阅读。实际上，简化的目的是修改文本以便读者能够更好地理解它。基于文本简化这个本质目的，对生成的文本进行更具功能性的评估才能够更充分地了解输出的可阅读性。Mandya 等[65]提出了一种类似的文本简化评估策略。在评估过程中，评估人员针对自动简化的文本采用具有多项选择的阅读理解测试方式进行评估。然后，用模型输出能够回答问题的准确性来判断简化文本在特定理解任务中的有效性。这种类型的人工评估可能更面向目标群，但创建和执行成本非常高。

自动度量对于快速评估模型和比较不同的体系结构非常有用。它们甚至可以被认为比人类更客观，因为个人偏见不起作用。但是，在句子简化研究中使用的指标存在很大的缺陷。BLEU 仅在机器翻译评估中是可靠的，在其他自然语言生成任务中被验证是不可靠的，而且它不适合句子简化中的大多数重写转换。SARI 作为自动句子简化的评估指标，仅限于词语简化和短距离重新排序。常用的 Flesch 指标被用来评估完整的文档而不是句子，而句子简化是目前大多数文本简化研究的焦点。因此，当使用这些自动指标评估模型时，必须记住它们所有的特定限制，需要查看所有可能的指标并尝试相应地解释它们。总体来说，在适当的粒度和考虑任务所有特性的情况下，自动评估系统输出的最可靠的方法仍然是一个悬而未决的问题，是未来文本简化的一个研究方向。

1.4 文本简化的应用

过去二十年中，文本简化在改善特殊需求人群融入社会中有很大贡献，也继续被视为一种自然语言处理工具，作为预处理步骤来帮助完成其他自然语言处理任务。

1.4.1 对特定目标人群的简化

近年来，对于大量的项目或者工作研究，常根据目标人群的具体特点或他们面临的问题来帮助降低文本复杂性。为了帮助读写困难、失语症、耳聋、自闭症等患者，一些公开的应用程序都已发布到互联网上。

1. 辅助阅读

简化文本的目的是使在阅读和书写方面有困难的耳聋人士更容易阅读文本。Inui 等[66]从教耳聋人士学习的老师那里收集了可读性评估数据，并根据这些数据针对性地设计基于耳聋人士语言能力的计算模型。所收集的数据是一组人工生成的复述对(s_i, s_j)的集合，表示该对中的哪个元素可能更容易被目标人群理解。这些收集的语料库用于训练和测试可读性排名模型，然后使用该模型去预测给定的复述对(s_i, s_j)中的哪些元素更容易阅读。Sauvan 等[67]研究如何利用文本简化改善视力受损者的阅读表现。他们的研究结果发现：①与正常视力人群相比，词频对视力受损者的阅读时间有显著影响(词频越高，阅读速度越快)，且幅度较大(在秒范围内)；②单词领域大小(word neighborhood size)对视力受损者的阅读时间也有显著影响(领域越大，阅读速度越慢)，这种影响的幅度很小，但有趣的是，与正常视力人群相比，这种影响是相反的；③字长对视力受损者的阅读时间没有显著影响。

2. 孤独症谱系障碍患者

根据《牛津心理学词典》，孤独症谱系障碍(autism spectrum disorder, ASD)是一种神经发育障碍，主要特征是严重且持续的社会交往和沟通障碍[68]。缺乏同理心阻碍了ASD患者的社交生活。他们无法理解他人，导致无法表达自己的愿望，以致社会边缘化。在欧洲FIRST项目[69]的背景下，一种多语种工具(保加利亚语、英语和西班牙语)被开发以帮助ASD人群阅读理解。针对需要阅读的文档，他们进行了以下操作：用简单的同义词替换单词，将句子拆分变成多个短句子，增加困难术语的定义，通过执行摘要来减少文本的内容，用检索到的图像对困难的概念进行解释，或发现并解释比喻性的语句。Evans等[70]专门针对ASD患者很难识别的复杂句进行研究，评估了127个对复杂句进行重写的规则和56个对复合句重写的规则。他们发现很多规则并没有使复杂句以更容易理解的形式输出。

3. 诵读困难者

诵读困难(dyslexia)是一种特殊的学习障碍，起源于神经学[71]。它的特点是难以准确、流利地识别单词，并且拼写和解码能力较差，有时被称为一种特殊的阅读障碍。执行某种词汇“替换”的工具(词语简化)可以帮助患有这种学习障碍的人。Rello等[72]以西班牙语为研究对象，通过分析数字与单词(即10和ten)、四舍五入与未四舍五入(即用近10表示与用9.99表示)和百分比与分数相比(即25%与1/4)的影响，评估了(在文本中)数字表示对诵读困难患者可读性和可理解性的影响。研究发现，数字(而不是单词)和百分比(而不是分数)都能提高诵读困难患者的可读性。

1.4.2 自然语言处理的辅助工具

考虑到之前的解析器在处理长而复杂的句子结构上效果不好，Chandrasekar等[2]最初的想法是简化句子以便句法解析器能够更好地处理它们。从事这项工作以来，一些研究者开始使用文本简化来处理不同的自然语言处理任务，如机器翻译、文本摘要或医学文献内容简化。

1. 机器翻译

机器翻译系统擅长处理短句，不擅长处理具有复杂语法和长距离依赖关系的长句。为了强调这种不匹配，Hasler等[73]研究了使用文本简化来解决这种不匹配的可能性。在翻译任务中，输入的不仅仅是原句，也包括简化的句子。在解码过程中，通过组合原始翻译和简化翻译，得到优化效果。实验证明，添加简化有助于提高翻译质量。Mehta 等[74]也研究了文本简化作为机器翻译的前期处理任务，即输入句子先经过文本简化模型进行简化，简化后的句子再传输给机器翻译系统。他们首先利用机器翻译系统的回译(back-translation)构造了一个复述语料，然后利用复述语料构造的复述模型简化机器翻译的输入句子。

2. 文本摘要

Siddharthan 等[75]在提取文本摘要之前，对同位语从句和非限制性关系从句进行句子简化。他们提出的多文档摘要算法包括四个步骤：①句子简化；②句子聚类；③从每个聚类中选择相关的句子；④生成最终的抽取摘要。简化操作去掉了主句中的插入语，提高了聚类质量，从而提高了选择句子的质量。他们还分析了人工和机器摘要中插入语的长度和分布，发现考虑到这两个变量，算法生成的摘要比其他系统生成的摘要更接近人工摘要。

Silveira 等[76]也利用了句子简化中的词语和句法简化，删除了一些与摘要不太相关的信息，达到提高摘要的压缩率。Lal 等[77]也对文本简化应用到文本摘要感兴趣，但他们只对摘要生成阶段的应用词语简化感兴趣。

3. 医学文献内容简化

Ong 等[78]提出了一种简化医学文献的方法。该简化方法主要包含：①使用同义词词典(用于 53 个医学术语)和定义(用于 415 个术语)的词语简化；②一组简单的转换规则的句法转换。可能由于文档的性质，词语简化被盲目地应用：如果在字典中找到一个词，那么该词就会被字典中更简单的同义词代替，或者与该词的定义字典连接起来，创建一个同位语结构。

1.5 本书内容安排

第 1 章为绪论。自动文本简化是人工智能领域一个非常重要的研究方向，从最初的基于规则的文本简化方法，发展到现在的基于数据和语料的方法。首先给出文本简化的任务定义，回顾文本简化发展的过程；其次，讲述如何收集、处理用于文本简化的语料数据，以及文本简化的各种评估方法，它是推动文本简化技术快速发展的重要因素之一；最后，介绍文本简化的各种应用，包括对特定目标人群的简化和作为自然语言处理的辅助方法。

第 2 章为背景知识。由于文本简化任务通常被当成单语言的机器翻译任务，很多文本简化方法都是直接或者间接使用机器翻译方法。很多章节的方法都用到了机器翻译或者神经网络的方法，为了后面工作能够更好地进行阐述，该章介绍机器翻译领域的一些理论和方法。

第 3 章为文本可读性评估。文本可读性评估是用来评价文本的难易程度。该章介绍包含传统的可读性公式评估到数据驱动的评估。数据驱动的评估包括基于机器学习方法的评估和不需要特征的基于深度学习的方法。该章还介绍了可读性评估未来可能发展的方向，即以用户为中心、以数据为驱动、以知识为基础的文本可读性评估。

第 4 章为词语简化方法。词语简化方法一般需要先识别复杂词，然后生成复杂词的候选替代词，并对候选替代词进行排序，找出最适合的替代词。相对于词语简化方法的其他步骤，复杂词识别一般是相对独立的任务。该章首先介绍词语简化方法常用的语料库和资源；其次介绍常用的复杂词识别方法；再次给出不同的词语简化方法，包括基于语言数据库的方法、基于自动规则的方法、基于词嵌入模型的方法、基于混合模型的方法和基于预训练语言模型的方法；最后讨论词语简化方法未来的发展趋势。

第 5 章为句子分割方法。句子分割方法最先利用基于规则的文本简化方法进行句法的简化。这些规则的转换需要语言学专家来制定。相对于基于规则的方法，基于神经网络模型的方法不需要人工定义规则，只需要有大量的平行数据，大大简化了对语言学知识的要求。

第 6 章为统计文本简化方法。统计文本简化方法以统计机器翻译模型为基础，通过引入句法知识、语义知识，可以扩展实现多种不同的统计文本简化方法。第 6 章首先简单讲述统计机器翻译模型；然后介绍基于短语的机器翻译方法；此外，还讲述引入句法的文本简化方法及混合方法；最后介绍无监督的统计文本简化方法，并利用 SARI 指标优化文本简化模型。

第 7 章为神经文本简化方法。该章首先介绍基于端到端的模型(Seq2Seq 模型)；其次介绍引入不同机制的 Seq2Seq 的文本简化模型，包含引进强化学习机制、多任务学习、内容放大的编码器；然后介绍在完全自监督神经网络模型 Transformers 中引入复述规则的文本简化模型；最后介绍程序员-解释器模型的文本简化方法。

第 8 章为文本简化前沿研究。平行语料的不足一直是基于机器翻译的文本简化方法的瓶颈问题。该章强调以无监督文本简化方法为主，包含神经文本简化方法、可编辑的文本简化方法、可控的句子简化方法、零样本的跨语言的文本简化。另外，对文本简化的发展进行分析，对未来的发展进行展望。

第 9 章为汉语文本简化的探索。汉语文本简化研究一直没得到关注，该章介绍了作者对汉语文本简化研究的初步工作。为了加速该方向的发展，该章首先构建一种汉语词语简化的评估语料库；其次，提出多个词语简化方法，包括基于同义词词典的方法、基于词向量的方法、基于义原的方法和基于 BERT 的方法；再次，通过实验对比这些方法的优劣；最后，进行总结和展望。

第 2 章　背 景 知 识

由于文本简化任务通常被当成单语言的机器翻译任务，很多文本简化方法都是直接或者间接使用机器翻译方法。因此，本章会介绍后面章节使用到的一些技术或者方法。本章首先介绍统计机器翻译模型；接着介绍神经机器翻译模型；最后介绍两种常用的预训练语言模型。

2.1　概　　述

文本简化方法的发展被大致可分成三个阶段：基于规则的文本简化方法阶段、统计文本简化方法阶段和神经文本简化方法阶段。后两种方法首先直接采用机器翻译方法，已取得了不错的效果。之后，会针对文本简化任务的特点，对机器翻译方法进行适当的调整。为了更好地阐述文本简化方法，也为了更好地理解文本简化方法，本章将介绍一些机器翻译的理论和方法，包括统计机器翻译(statistical machine translation, SMT)模型[79]和神经机器翻译模型[10,80]。

2.2 节主要介绍统计机器翻译模型的原理，主要服务于第 6 章的统计文本简化方法。2.3 节介绍基于端到端的模型、注意力机制和基于自注意力机制的神经网络模型 Transformer[81]，其背景知识主要服务于第 3 章、第 5 章、第 7 章和第 8 章。2.4 节介绍预训练语言模型，它是最近几年自然语言领域最火热的模型[82]，在许多自然语言处理任务中都取得了最好的效果。在文本简化任务中，预训练语言模型也取得了非常好的效果。2.4 节介绍的背景知识主要服务于第 4 章、第 8 章和第 9 章。

2.2　统计机器翻译模型

统计机器翻译[79]实现源语言句子到目标语言句子的翻译过程。在实验上，统计机器翻译对于每个可能的源-目标语言句子对，都会根据预先定义的模型计算出两者之间的翻译概率。它将给定的源语言句子切割成短语序列，然后翻译成目标语言，再组合成目标翻译句子。

统计机器翻译系统框架图如图 2.1 所示，主要分为模型训练和翻译解码两个部分。统计机器翻译的思路是从训练语料中学习各种知识，包括词汇、句法翻译知识、语序调整知识以及产生符合目标语言规范的知识等，对每种知识都建立相应的模型，最后在解码器框架下集成各种模型，建立搜索空间，利用解码算法在解空间中找到一条最优的解路径，对应于概率最高的目标语言句子。

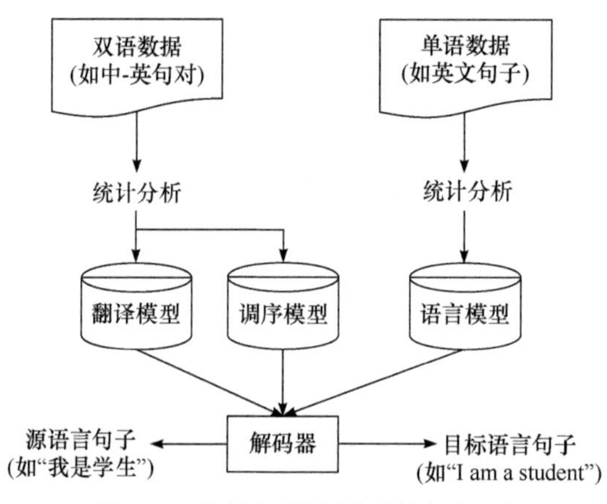

图 2.1　统计机器翻译系统框架图

常见的统计机器翻译建模方式有两种：基于噪声-信道模型和基于对数-线性模型。

基于噪声-信道模型的翻译任务可以形式化地描述为：利用贝叶斯定理对源语言句子 x 到目标语言句子 y 的翻译建模如下：

$$y^{*}=\operatorname{argmax}_{y}p(y\mid x) \tag{2.1}$$

由贝叶斯公式可进一步得到：

$$y^{*}=\operatorname{argmax}_{y}\frac{p(x\mid y)p(y)}{p(y)}=\operatorname{argmax}_{y}p(x\mid y)p(y) \tag{2.2}$$

由于概率 $p(y)$的取值对于任何 x 都相同，并不影响最终结果，可以忽略。$p(x|y)$为句子 y 转化为句子 x 的概率，称为翻译模型，刻画译文的忠实度，即句子 x 与 y 之间的语义对应程度；$p(y)$为句子 y 的语言模型概率，用于刻画句子 y 的流畅程度，即句子 y 有多大程度符合语言表示习惯。

噪声-信道模型是一种生成式模型，而对数-线性模型是一种判别式模型，它不需要应用贝叶斯公式，可直接对条件概率 $p(y|x)$建模。它最大的优势是能够引入任意的特征函数对翻译中的各种现象分别单独建模，并通过参数训练方法调节不同特征函数在整体翻译模型框架中的权重来提高系统翻译质量。求解最优翻译结果的模型可以表示为

$$y^* = \mathrm{argmax}_y\, p(y \mid x) = \mathrm{argmax}_y \left\{ \sum_{m=1}^{M} \lambda_m h_m(y,x) \right\} \tag{2.3}$$

其中，$h_m(y,x)$ 为第 m 个特征函数，从某种角度对翻译质量进行刻画；λ_m 为相应的权重。

由于对数-线性模型的可扩展性较高，系统可调节性较大，故它成为统计机器翻译研究中的主流。特别地，如果设定对数-线性模型中 $M=2$、$\lambda_1=\lambda_2=1$、$h_1(y,x)=\ln p(y)$ 和 $h_2(y,x)=\ln p(x \mid y)$，则其转化为一个标准的噪声-信道模型。

2.3　神经机器翻译模型

这里将神经机器翻译领域里的一些内容作为背景知识进行介绍。

2.3.1　基于端到端的模型

基于端到端的模型包含编码器和解码器两个组成部分，将源语言句子 $x=\{x_1,x_2,\cdots,x_n\}$ 转成目标句子 $y=\{y_1,y_2,\cdots,y_m\}$，直接对条件概率 $p(y \mid x)$ 进行建模。编码器需要得到每一个源语言句子的表示 c，而解码器需要在每一个时刻生成一个目标单词。因此，可以将条件概率分解成下面的形式：

$$\ln p(y \mid x) = \sum_{j=1}^{m} \ln p(y_j \mid y_{<j}, c) \tag{2.4}$$

其中，$y_{<j}=\{y_1, y_2,\cdots,y_{j-1}\}$。

为了得到源语言句子的表示 c，可以使用循环神经网络(recurrent neural network, RNN)将源语言句子 $\{x_1,x_2,\cdots,x_n\}$ 编码成一个隐含状态序列 $\{h_1^{\mathrm{enc}},h_2^{\mathrm{enc}},\cdots,h_n^{\mathrm{enc}}\}$，然后基于这些隐含状态得到该句子的表示 c。获取 c 的计算公式为

$$c = q(\{h_1^{\mathrm{enc}},h_2^{\mathrm{enc}},\cdots,h_n^{\mathrm{enc}}\}) \tag{2.5}$$

为了计算方便，早期的方法都是令 $q(\{h_1^{\mathrm{enc}},h_2^{\mathrm{enc}},\cdots,h_n^{\mathrm{enc}}\}) = h_n^{\mathrm{enc}}$，即 $c=h_n^{\mathrm{enc}}$。编码器在 t 时刻的隐含状态的计算公式为

$$h_0^{\mathrm{enc}} = 0$$

$$h_{t>0}^{\mathrm{enc}} = \mathrm{RNN}(h_{t-1}^{\mathrm{enc}}, x_{t-1})$$

实际使用时，RNN 常使用长短期记忆(long short-term memory, LSTM)网络和门控循环单元(gate recurrent unit, GRU)两种网络。具体地，当使用 LSTM 网络来做循环单元时，不同于 RNN，LSTM 网络引入了一种称为门(gate)的信息流控制机制，使得基于 LSTM 的循环网络在前向和后向传播中，都可以有效地传递和记忆信息，从而对序列中的远距离依赖关系进行更有效的建模。LSTM 网络分别引入了三种门，即输入门、输出门和遗忘门。时刻 t 的输入门 i、遗忘门 f 和输出门 o 分别定义为

$$i_t = \sigma(W_i x_t + U_i h_{t-1}^{\text{enc}} + b_i)$$

$$f_t = \sigma(W_f x_t + U_f h_{t-1}^{\text{enc}} + b_f)$$

$$o_t = \sigma(W_o x_t + U_o h_{t-1}^{\text{enc}} + b_o)$$

这里，每个门的激活函数一般采用 sigmoid。所有门的形式和输入都是一致或者类似的，它们的不同功能主要通过学习参数(W_i, U_i, W_f, U_f, U_o, W_o)来实现。LSTM 网络的改进主要体现在通过这三个门对时间序列中的信息流进行控制。当前时间的隐含状态 h_t^{enc} 和记忆状态 c_t 的计算公式如下：

$$h_t^{\text{enc}} = \tanh(c_t) \odot o_t$$

$$c_t = i_t \odot \widetilde{h}_t + f_t c_{t-1}$$

$$\widetilde{h}_t = \tanh(U h_{t-1}^{\text{enc}} + W x_t)$$

其中，$\odot$ 表示点积运算。

LSTM 网络的一个不足之处就是结构复杂，所需计算量很大。GRU 网络就是一种基于 LSTM 网络但内部结构相对简化的循环网络。在 GRU 网络中，遗忘门、输入门和输出门被重新设计为更新门 z 和重置门 r，而且 LSTM 网络中分离的 h_t 和 c_t 被重新合并为单独的 h_t。在大多数任务中，GRU 网络的性能和 LSTM 网络非常接近，都远优于基本的循环网络。具体地，使用 GRU 网络计算公式为

$$z_t = \sigma(W_z x_t + U_z h_{t-1}^{\text{enc}})$$

$$r_t = \sigma(W_r x_t + U_r h_{t-1}^{\text{enc}})$$

$$h_t^{\text{enc}} = z_t \odot \widetilde{h}_t + (1 - z_t) h_{t-1}^{\text{enc}}$$

$$\widetilde{h}_t = \tanh(r_t \odot U h_{t-1}^{\text{enc}} + W x_t)$$

在解码器中，同样使用 RNN 将每个单词 y_j 的概率进行参数化：

$$p(y_j \mid y_{<j}, c) = \text{softmax}(g(h_j^{\text{dec}})) \tag{2.6}$$

其中，g 是一个转换函数，输出一个词表大小的向量；h_j^{dec} 是解码器第 j 时刻的隐含状态。h_j^{dec} 的计算公式为

$$h_0^{\text{dec}} = 0$$

$$h_j^{\text{dec}} = f(y_{j-1}, h_{j-1}^{\text{dec}}, c) \tag{2.7}$$

其中，f 表示在给定前一个单词 y_{j-1}、之前的隐含状态 h_{j-1}^{dec} 以及源语言句子表示 c 时，计算当前时刻的隐含状态 h_j^{dec}。

当使用 GRU 作为解码器时，$h_{j>0}^{\text{dec}} = \text{GRU}(h_{j-1}^{\text{dec}}, y_{i-1}, c)$的计算公式为

$$z_t = \sigma(W_z[y_{t-1}, c] + U_z h_{j-1}^{\text{dec}})$$

$$r_t = \sigma(W_r[y_{t-1}, c] + U_r h_{j-1}^{\text{dec}})$$

$$h_j^{\text{dec}} = z_t \odot \widetilde{h}_t + (1 - z_t) h_{j-1}^{\text{dec}}$$

$$\widetilde{h}_t = \tanh(r_t \odot U h_{j-1}^{\text{dec}} + W[y_{t-1}, c])$$

2.3.2 注意力机制

为了克服仅仅使用最后的隐含状态作为源语言句子的上下文表示导致的问题，即 $c = h_n^{\text{enc}}$，引入注意力机制，可以提高编码器-解码器框架针对长句子的翻译质量。注意力机制最先由 Bahdanau 等[80]于 2014 年提出，现已被广泛应用于基于端到端的模型，如图 2.2 所示。注意力机制通过比较解码器隐含状态和编码器隐含状态来计算编码器每个隐含状态的权重，然后使用该权重将编码器的所有隐含状态按位加权得到该时刻源语言句子的上下文向量。

具体地，给定编码器得到的隐含状态序列 $\{h_1^{\text{enc}}, h_2^{\text{enc}}, \cdots, h_n^{\text{enc}}\}$，以及解码器第 $j-1$ 时刻的隐含状态 h_{j-1}^{dec}，第 j 时刻隐含状态为

$$e_{ij} = a(h_i^{\text{enc}}, h_{j-1}^{\text{dec}}) \tag{2.8}$$

$$\alpha_{ij} = \frac{\exp(e_{ij})}{\sum_{k=1}^{n} \exp(e_{kj})} \tag{2.9}$$

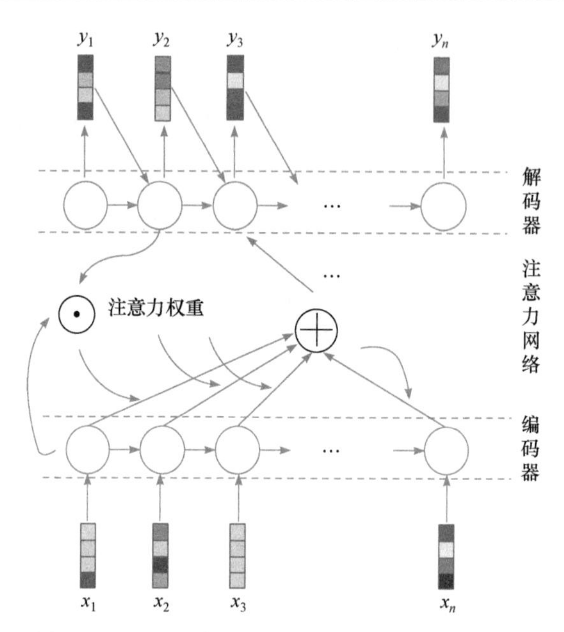

图 2.2　基于注意力机制的编码器-解码器框架

$$c_j = \sum_{i=1}^{n} \alpha_{ij} h_i^{\text{enc}} \tag{2.10}$$

$$h_j^{\text{dec}} = \text{RNN}\left(h_{j-1}^{\text{dec}}, c_j, y_{j-1}\right) \tag{2.11}$$

其中，$a(\cdot)$ 是比较编码器状态 h_i^{enc} 和解码器状态 h_{j-1}^{dec} 的一个匹配函数。

将这 n 个分数，利用 softmax 函数进行归一化，得到对编码器每一个时刻的注意力权重 α。有了注意力权重 α 之后，就可以对编码器的每一个隐含状态进行加权求和，得到第 j 时刻隐含状态上下文向量 c_j。基于新获取的上下文向量，可以使用标准的 RNN 解码器生成第 j 时刻的隐含状态 h_j^{dec}。

匹配函数以编码器状态 h_i^{enc} 和解码器第 $j-1$ 时刻的隐含状态 h_{j-1}^{dec} 作为输入，计算两个状态的匹配度或者相似度。常用的匹配函数计算方法有点乘、双线性函数、多层感知机。

1. 点乘

点乘是计算两个向量相似度最简单的方法，计算公式如下：

$$a\left(h_i^{\text{enc}}, h_{j-1}^{\text{dec}}\right) = h_i^{\text{encT}} h_{j-1}^{\text{dec}}$$

其中，h_i^{encT} 是 h_i^{enc} 的转置。

点乘只是简单地将两个向量对应维度相乘，然后将各维度相乘的结果相加。点乘的优点是简单，不需要额外的参数，但是要求编码器的隐含状态和解码器的隐含状态维度相同，并强制它们在一个空间里。

2. 双线性函数

双线性函数是点乘方法的一个扩展。由于不同语言的隐含状态可能存在区别，强制将它们约束在同一个空间中可能并不合适。双线性函数的本质是在编码器隐含状态和解码器隐含状态之间做一个线性转换然后进行点乘，计算公式如下：

$$a\left(h_i^{\text{enc}}, h_{j-1}^{\text{dec}}\right) = h_i^{\text{encT}} W h_{j-1}^{\text{dec}}$$

其中，W 是将编码器状态转换到解码器状态空间的转换矩阵。

3. 多层感知机

多层感知机将两个向量作为输入计算的得分作为两个向量的相似度，计算公式如下：

$$a\left(h_i^{\text{enc}}, h_{j-1}^{\text{dec}}\right) = W_a \tanh\left(W_b\left[h_i^{\text{enc}}; h_{j-1}^{\text{dec}}\right]\right)$$

其中，$\left[h_i^{\text{enc}}; h_{j-1}^{\text{dec}}\right]$ 表示将两个向量进行拼接；W_a 是二维参数矩阵；W_b 是一维向量。

多层感知机首先将两个输入向量进行拼接，然后经过一个参数 W_b 进行线性变换，再经过非线性变换 tanh 得到特征值，并点乘 W_a 得到最终相似度得分。

2.3.3　基于自注意力机制的神经网络模型

基于循环神经网络的编码器和解码器学习每个词的隐含状态都依赖前一个词的信息，所以编码的状态是顺序生成的，这严重影响了模型的并行能力。另外，尽管基于门的循环神经单元 GRU 和 LSTM 可以解决梯度消失或者爆炸的问题，然而相距太远的词的信息仍然不能保证考虑进来。基于此，Vaswani 等[81]提出了基于自注意力机制的神经网络模型 Transformer。

Transformer 模型框架如图 2.3 所示。模型的编码器部分(参见图 2.3 的左边)由 L 个同构的网络层堆叠而成，每一层包含两个子网络层：第一个子网络层称为多头自注意力网络，用于将同层的源语言句子中其他词的信息通过自注意力网络考虑进来以生成当前词的上下文向量；第二个子网络层是一个全连通的前馈神经网络，该网络的作用是将自注意力网络生成的源语言句子内的上下文向量同当前词的信息进行整合，从而生成考虑了整个句子上下文的当前时刻的隐含状态。为了提高模型的训练速度，残差连接(residual connection)和层规范化(layer normalization)都被用于这两个子网络层，定义为LayerNorm(x+SubLayer(x))，其中 x 为子网络的输入，SubLayer 为该子网络的处理函数，LayerNorm 为层规范化函数。通过对 L 个这样的网络层进行堆叠可以对信息进一步抽象和融合。

模型的解码器部分(参见图 2.3 的右边)同样包含堆叠的 L 个同构网络层，每个网络层包含三个子网络层。第一个子网络层同编码器的第一个子网络层类似，是一个掩码多头自注意力网络，负责将同层的简单句子里的其他词的信息考虑进来生成简单句子的上下文向量。不同于编码器的多头自注意力网络，解码器在解码时只能看到已经生成的词的信息，对于未生成的内容，可以使用掩码机制将其屏蔽。第二个子网络层为多头自注意力网络，该网络负

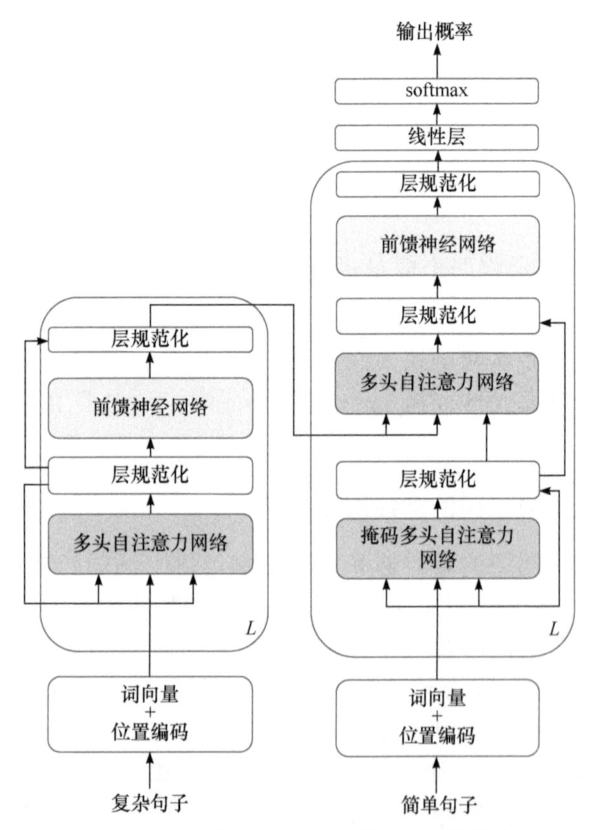

图 2.3　基于自注意力机制的神经翻译模型

责将复杂句子的隐含状态同简单句子的隐含状态进行比较生成复杂句子的上下文向量。第三个子网络层同编码器的第二个子网络层类似，是一个全连接的前馈神经网络，该网络的作用是将掩码多头自注意力网络生成简单句子的上下文向量、多头自注意力网络生成的复杂句子的上下文向量以及当前词的信息进行整合，从而更好地预测下一个词语。同编码器类似，残差网络和层规范化已被用于解码器的三个子网络层。

Transformer 模型通过最小化简单句子的负对数似然值(negative log-likelihood) ($L_{\text{seq}}=-\ln p(C|S,\theta)$)进行优化，其中 C 表示复杂句子集合，S 表示简化句子集合，θ表示模型中参数。

Transformer 模型中最主要的组成部分就是多头自注意力网络机制。Transformer 模型将输入的编码表示为一组键-值对(K, V)，K 和 V 都是编码器的隐含状态。在解码器中，前一个输出的结果被压缩成一个查询 Q，下一个输出结果通过映射 Q 和编码器中 K 和 V 来产生。Transformer 模型中的注意力机制通过缩放的点积(scaled dot-product)计算得到：

$$\text{Attention}(Q, K, V) = \text{softmax}\left(\frac{QK^{\text{T}}}{\sqrt{d_k}}\right)V$$

可以看出，输出的是 V 的加权和，其中分配给每个 V 的权重由 Q 与所有的 K 的点乘决定。与传统的注意力机制只使用一个注意力网络生成一个上下文向量不同，Transformer 模型使用分组的注意力网络将多个注意力网络进行连接。具体地，给定(Q, K, V)，首先使用不同的线性映射分别将 Q、K 和 V 映射到不同的空间，然后使用不同的注意力网络计算得到不同空间的上下文向量，最后将这些上下文向量拼接得到最后的输出。具体的计算公式为

$$\text{MultiHead}(Q, K, V) = \text{Concat}(\text{head}_1, \text{head}_2, \cdots, \text{head}_p)W^{\text{o}}$$

式中，$\text{head}_i=\text{Attention}(QW_i^Q, KW_i^K, VW_i^V)$，$(W_i^Q, W_i^K, W_i^V)$为第 i 组的网络参数；W^{o} 为拼接之后生成最终上下文向量的线性映射参数。

2.4 预训练语言模型

本节将介绍本书用到的两种预训练语言模型 BERT 和 BART。

2.4.1　BERT

BERT(bidirectional encoder representations from Transformers)[82]是在一个大的文本语料库(如维基百科)中训练的通用的“语言理解”模型，采用双向的Transformer 模型对句子进行编码。BERT 模型框架包含两个步骤：预训练(pre-training)和微调(fine-tuning)。在预训练阶段，利用不同的预训练任务在无标记的数据上进行训练。在微调阶段，先对预训练语言模型的参数进行初始化，然后对模型的所有参数在具体的下游任务中进行微调。尽管不同的下游任务用相同的预训练语言模型进行初始化，但是每个下游任务有不同的微调模型。

为了使 BERT 处理各种下游任务，BERT 的输入包括单个句子和一对句子(如问题和答案)。BERT 采用包含 30000 个标记的 WordPiece 嵌入模型。每个序列的第一个标记总是一个特殊的分类标记[CLS]。该标记最终的隐含表示被用作总序列表示，可以从中预测出分类任务的标签，或者可能被忽略的标签。句子对被打包成一个单一的序列。BERT 使用两种方法区分序列中不同的句子。首先，用一个特殊的标记([SEP])将它们分开；其次，在每个标记中添加一个段嵌入，以指示它是属于句子 A 还是句子 B。BERT 的输入表示由标记嵌入向量、段嵌入向量和位置嵌入向量求和得到，如图 2.4 所示。

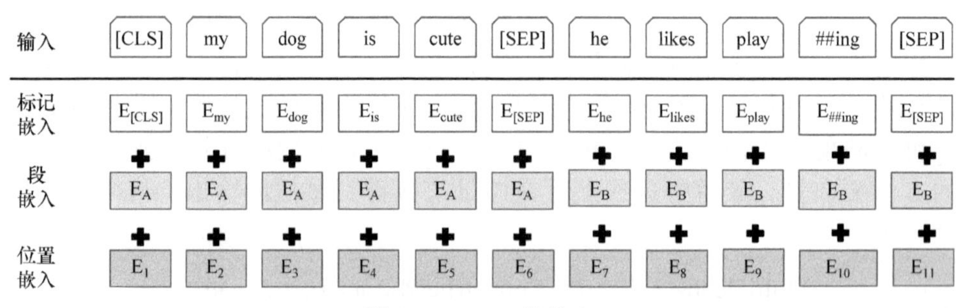

图 2.4　BERT 的输入

BERT 在预训练阶段通过两个训练目标进行优化：掩码语言建模(masked language model, MLM)和下句预测(next sentence prediction, NSP)。不同于传统的语言建模目标是根据历史记录来预测序列中的下一个词，MLM 是根据序列中的左右语境来预测序列中的缺失词。BERT 通过在每一个句子上预置一个特殊的分类标记[CLS]，并在句子上组合一个特殊的分离标记[SEP]来完成 NSP 任务。与[CLS]标记相对应的最终隐含状态被用作总序列表示，可以从中预测出分类任务的标签，或者是可能被忽略的标签。

1. MLM

直观地说，深度双向模型比从左到右的模型或从左到右和从右到左的浅串联模型更强大。但是，标准的条件语言模型只能从左到右或从右到左进行训练，因为双向条件作用允许每个词间接地“看到自己”，并且模型可以在多层上下文中简单地预测目标词。

为了训练一个深层的双向表示，BERT 只需随机屏蔽一定百分比的输入标记(token)，然后预测那些被屏蔽的标记。BERT 把这个过程称为 MLM，尽管它在文献中经常被称为完形填空。与标准的语言模型一样，与掩码标记相对应的最终隐含表示向量通过输入到 softmax 进行预测。在实验中，BERT 随机掩码每个序列中 15%的单词标记。与去噪自动编码器相比，BERT 只预测被掩码的单词，而不是重建整个输入。

尽管这允许获得一个双向的预训练语言模型，但是在预训练和微调之间造成了不匹配，因为[MASK]标记在微调过程中不会出现。为了缓解这种情况，BERT 并不总是用实际的[MASK]标记替换“MASK”单词。训练数据生成器随机选择 15%的标记位置进行预测。如果选择了第 i 个标记，BERT 将第 i 个标记替换为：①80%的概率为[MASK]标记；②10%的概率为随机标记；③10%的概率为不更改的第 i 标记。最后，利用第 i 标记最终的隐含表示向量来预测具有交叉熵损失的原始标记。

2. NSP

许多重要的下游任务，如问答系统和自然语言推理，都是建立在理解两个句子之间关系的基础上的，而这并不是语言建模所能直接捕捉到的。为了训练一个理解句子关系的模型，BERT 可以从任何单语料库中通过一个二值化的下句预测任务进行预训练。具体来说，在为每个预训练的例子选择句子 A 和 B 时，50%的时间 B 是跟在 A 后面的实际下一个句子(标记为 IsNext)，50%的时间是语料库中的随机句子(标记为 NotNext)。

3. 预训练数据

BERT 使用的预训练数据有 BooksCorpus 数据(8×10^8 个词)和英文维基百科数据(2.5×10^9 个词)，其中对维基百科数据只提取文本段落而忽略列表与表格。

2.4.2 BART

BART[83]也是一种预训练语言模型，采用基于端到端的去噪自动编码器结构，集合双向和自回归的 Transformer 模型。BART 框架结构如图 2.5 所示。编码器的输入不需要与解码器的输出对齐，允许任意的噪声转换。输入的文档可以通过固定跨度的掩码符号进行替换，达到对文档进行损坏的目的。利用双向模型对损坏的文档(左)进行编码，然后使用自回归解码器计算原始文档(右)的可能性。为了进行微调，一个未损坏的文档被输入到编码器和解码器，BART 使用解码器的最终隐含状态作为文档的表示。

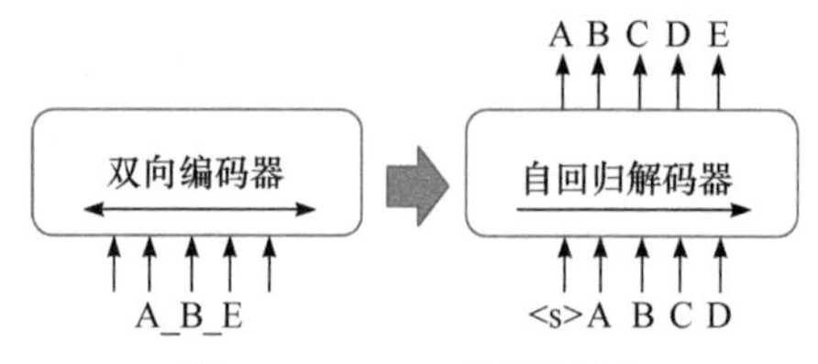

图 2.5　BART 框架结构

BART 的预训练分为两个阶段：①原始文本被任意噪声函数破坏；②基于端到端的模型学习重建原始文本。BART 使用了一个标准的基于 Transformer 的神经机器翻译架构，尽管很简单，但可以看成是 BERT(双向编码器)、GPT(采用从左到右的解码器)和许多其他更新的预训练方案的泛化。与 BERT 一样，BART 的预训练阶段也是通过源文档的负对数似然进行优化。下面总结了 BART 对输入采用的去噪变换，图 2.6 中显示了对应的一些示例。

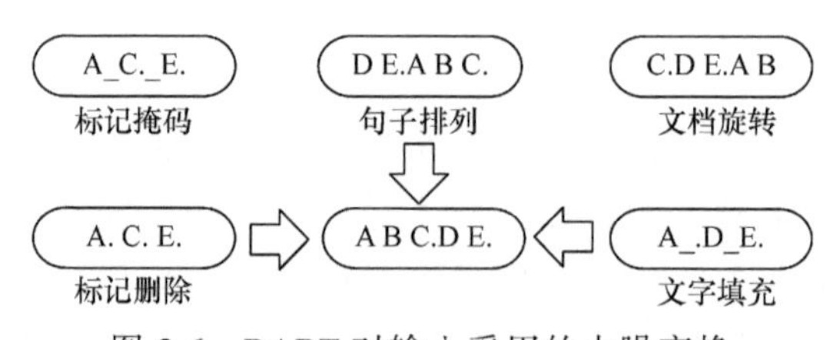

图 2.6　BART 对输入采用的去噪变换

(1) 标记掩码。与 BERT 一样，随机抽样句子中的标记并用[MASK]进行替换。

(2) 标记删除。从输入中删除随机标记。与标记掩码不同，模型必须确定哪些位置缺少输入。

(3) 文字填充。大量的文本跨度被抽样，跨度长度抽取过程采用泊松分布(γ=3)。每一个跨度采用单个[MASK]进行替换。长度为 0 的跨度相当于在当前位置插入符号[MASK]。文字填充的思路来自 SpanBERT[84]，但是 SpanBERT 从不同的分布抽取跨度长度，然后用相同长度的[MASK]替换每一个跨度。文本填充主要是让模型学习跨度中缺少多少个标记。

(4) 句子排列。文档先划分成多个句子，然后对这些句子重新洗牌。

(5) 文档旋转。随机统一选择一个标记，然后旋转文档，使其从该标记开始。此任务训练模型以识别文档的开头。

2.5　本 章 小 结

本章介绍了一些机器翻译的理论和方法，包括统计机器翻译模型、神经机器翻译模型和预训练语言模型。这些理论和方法主要是为了更好地理解后面的文本简化方法。

第 3 章　文本可读性评估

文本简化的一个关键问题是如何判定给定文本的复杂度，从而决定是否有必要进行文本简化。识别文本的复杂度能够评估文本简化系统输出的句子能否匹配目标读者的阅读能力，也可以用来评估文本简化系统的简化效果。长期以来，研究者把文本可读性问题近似为文本自动简化中的“是否简化”问题。文本可读性研究致力于设计能够自动评估文本难易度的方法。本章首先介绍传统的可读性公式，其次介绍常用的可读性评估语料，再次介绍常用的可读性评估方法，接着将回顾汉语文本的可读性研究，最后介绍可读性评估的应用和研究方向。

3.1　概　　述

为什么有些文章容易阅读？为什么一篇文章比另一篇更容易理解？为什么有些作品只有在你达到一定的阅读能力时才能阅读？怎么对不同阶段的儿童选择合适的阅读读物？这些都是最基本的关于可读性研究的问题。学者从不同角度对文本难度问题进行了探讨，这些研究后来被统称为可读性研究。对于术语“可读性”，一般最先联想到的是客观测量文本相对难度的可读性公式。从最基本的层面上来说，可读性公式可以评估文本的哪些属性有助于或阻碍阅读或交流。

文本可读性评估在实际应用和科学研究中都是至关重要的，最早可以追溯到 20 世纪 20 年代[85]。文本可读性在 1949 年被正式定义为文本材料中影响读者理解、阅读速度和对材料兴趣水平的所有元素的总和[1]。这些要素可以包括如句子句法的复杂性、读者对所讨论概念的语义熟悉程度、是否有辅助图形或插图、用于诠释思想的逻辑论证或推理的复杂程度，以及内容的许多其他重要方面的特征。除了文本特征之外，文本的可读性也是读者自身的一个功能，如读者的受教育程度和社会背景、兴趣和专业知识、学习动机和其他因素，都可以在个人或人群的可读性方面发挥关键作用。

在过去二十年中，机器学习方法有着显著的发展，从基于特征工程的分类方法，到现在广泛使用的深度学习方法。机器学习方法以及互联网和社交网络的快速发展，带来了新的数据源和应用，也带来了更加复杂的可读性评估方法。广泛使用的传统可读性评估公式(如 Flesch-Kincaid 等)基于两个或三个语言变量(如音节和字数)估计文本的易读性，已经在传统的文本上使用了几十年。现在这些简单但浅显的传统评估方法正在逐步转换到数据驱动的可读性评估方法。这些方法利用了计算语言学工具获取丰富的文本表示特征，并结合来自机器学习和深度学习的复杂预测模型，能够进行更深入、更准确、更稳健的文本难度分析。

可读性的自动分析有很多应用场景。在教育领域，评估文本难度可以帮助教师为学习者选择合适的阅读材料，为教材编写提供科学依据，对阅读测试、课程规划有一定参考价值。在自然语言处理领域，计算机科学家把可读性分析应用于智能改编、作文自动评分等任务；或借助可读性自动分析提炼和归纳源文档的主要内容，对自动文摘的质量进行评估；或通过分析网页文本，对用户的阅读兴趣和搜索习惯进行预测和推荐。在自动文本可读性评估领域，可读性分析在跨应用程序之间的使用有了显著增加。

随着词汇的发展及自动演变，为了适应个人用户或群体，对可读性评估方法的要求也越来越高，例如，希望能够利用越来越多公开获取的深层知识和语义资源，以及多模态、多维度的信息，充分度量读者的阅读能力和任务对知识的要求。此外，互联网和社交网络等非传统领域提供的新的内容形式为可读性评估提供了新的挑战和机遇，合理地利用可读性评估也能为各类任务和用户群体提供个性化的服务。

3.2　传统的可读性公式

DuBay[86]指出到 20 世纪 80 年代已有 200 多个可读性公式，其中许多公式的预测能力都经过了实验检验评估。验证方法通常是对比公式输出得分与文本标注的等级水平。本节介绍了一些常用的可读性评估公式。

1. Fleach Reading Ease

Flesch 的 Reading Ease 公式[56](用 FRE 表示)在可读性领域具有很高的影响力，主要基于平均的句子长度 ASL 和平均词的长度 ASW(每 100 个单词的音节数)两个文本特征。

$$\mathrm{FRE} = 206.835 - 1.015 \times \mathrm{ASL} - 84.6 \times \mathrm{ASW} \tag{3.1}$$

给定一个文本，该公式对文本的可读性分数被映射到 1～100(通常)，其中分数越高代表文本的可读性越强。一般来说，得分低于 30 的文档是非常难阅读的，得分高于 70 的文档是非常容易阅读的。

2. Dale-Chall

Dale 和 Chall 认为词汇是阅读理解中最重要的因素。为了测量词汇难度，他们使用了包含 3000 个单词的词汇表。该词汇表中 80%的单词都能够被四年级学生所熟识。Dale-Chall 公式(用 DC 表示)如下所示：

$$DC = 0.049 \times ASL + 0.1579 \times DW + 3.6365 \tag{3.2}$$

式中，DW 为不在 3000 个单词词汇表中的词的数量。

3. Flesch-Kincaid

Flesch-Kincaid 公式[57](用 FK 表示)简化了 Flesch 分数，用于产生易于解释的“等级水平”。该公式已经得到了广泛的认可及应用。根据该公式，等级水平为 8 的文本可被认为适合母语为英语的八年级学生阅读。

$$FK = 0.39 \times ASL + 11.8 \times ASW - 15.59 \tag{3.3}$$

4. Gunning Fog

Gunning Fog 公式[87](用 Fog 表示)是被一位写作咨询公司的创始人 Gunning 提出的，于用辅助作家评估阅读材料的难易程度。Gunning 通过衡量句子复杂度的平均句子长度和衡量词汇难度的复音词数量对句子进行等级划分。

$$Fog = 0.4 \times (ASL + 100 \times HW) \tag{3.4}$$

式中，HW 为文档中“困难”词的百分比，“困难”词指的是至少包含三个音节的词。

Gunning Fog 公式不涉及词汇表或音节的计算，只需要计算句子的数目和复音词的数量，且能够更快速地进行计算。

5. SMOG 等级

SMOG 等级[88](用 SMOG Index 表示)是由临床心理学家 McLaughlin 提出的，主要目的是对 Gunning Fog 公式进行简化。McLaughlin 发现复音节词的数量会缩减文档的可读性，因此通过复音节词的数量对可读性进行衡量。

$$\text{SMOG Index} = 1.0430 \times \sqrt{NHW \times \frac{30}{NS}} + 3.1291 \tag{3.5}$$

式中，NHW 为文本中“困难”词的数目；NS 为文档中句子的数目。

SMOG Index 被认为是衡量医疗行业医学写作的“黄金标准”。

6. FORCAST 等级

FORCAST[1]最初是为美国陆军开发的工具，用于对新员工的培训文档进行可读性评估。该公式(用 FORCAST 表示)不依赖对完整的句子进行分析，因此对调查、问题测试、任何包含列表或要点的文档都特别有用。

$$\text{FORCAST} = 20 - \text{NSS}/10 \tag{3.6}$$

式中，NSS 为 150 个词的样本中单音节词的数目。

7. Coleman-Liau

Coleman-Liau 公式[89](用 Coleman-Liau 表示)是由 Coleman 和 Liau 提出的，被广泛用于医学文献和翻译，也被用来探讨司法意见的可读性。该公式不涉及音节的计数，而是以计算字母的长度为主。

$$\text{Coleman-Liau} = 0.0588 \times L - 0.296 \times S - 15.8 \tag{3.7}$$

式中，L 为每 100 个单词中的字母平均数目；S 为每 100 个单词中的句子平均数目。

可读性评估已开始成为评估文本简化输出的中心环节。但是，它们的使用仍然有着很大的争议。首先，一些研究[90,23]考虑了可读性公式，将其直接应用于句子的简化中。许多可读性公式的设计需要大量文本样本来评估或需要考虑长文本片段才能获得很好的估计，且需要实验来证明应用于句子的合理性，因此，这些公式需要被重新审查打分的级别。其次，许多研究建议使用可读性公式来指导简化过程[1]，但是，操作输出文本用来匹配特定的可读性得分可能是有问题的，因为断句或盲目替换单词可能会产生完全不符合语法的文本，从而“欺骗”可读性公式[1,91]。

3.3　可读性评估的语料

文本可读性评估方法大多数都是有监督的机器学习方法，需要带有难度等级标记的语料库来训练机器学习模型。英语国家拥有较早的读物分级意识，公开的带难度等级标注的语料库主要有以下五个：各州共同核心标准(Common Core State Standards, CCSS)中附属的文本、Weekly Reader(WR)分级杂志、WeeBit 语料库、OneStopEnglish 语料库和 Newsela 语料库。这五个语料库的对比如表 3.1 所示。

表 3.1　五个语料库对比

年龄	CCSS		WR		WeeBit		OneStopEnglish		Newsela	
	等级	文章	等级	文章	等级	文章	等级	文章	等级	文章
3～6	K1	61								
7	K2～3	56	L2	629	L1	629	L1	189	L1	1130
8			L3	801	L2	801			L2	1130
9～10	K4～5	38	L4	814	L3	814	L2	189	L3	1130
11～12	K6～8	38	L5	1325	L4	644			L4	1130
13～14	K9～10	63					L3	189	L5	1130
15+	K11+	73			L5	3500				
总计	6	329	4	3569	5	6388	3	567	5	5650

CCSS 由美国教育部官方制定推广，旨在为数学、艺术、文学领域的教育提供统一、具体的教育标准。该标准对美国各年级(从幼儿园到初中)学生的学习目标和阅读能力进行了明确的划分，并给出了具体的符合各年级能力的阅读文本范例。除了等级的划分，该语料还标注了文本类型，如故事、诗词、说明文、戏剧等。Weekly Reader 分级杂志①是针对青少年发行的在线教育类周刊。Vajjala 等[92]综合了 Weekly Reader 分级杂志和 BBC-Bitesize 网站②的文本，建立了规模更大的语料库，即 WeeBit 语料库。

最近，英语作为第二语言的文本可读性评估语料库，即 OneStopEnglish 语料库被公开[42]。该语料库的文本是 2013～2016 年从 onestopenglish.com 上收集的。同一篇文章的内容被改写成三个版本，以适应三个阅读层次。高级版本虽然内容不完全相同，但与原始文章很接近。该语料库由 189 篇文本组成，每一篇包含了三个等级的版本，总共 567 篇文档。

Newsela 现在也成为英语可读性评估方法常用的训练和评估语料库，详细介绍请查看 1.2.2 节。

对于缺乏成熟语料库的语言，如日语、汉语等，许多研究者都自己构建语料库，其中数据来源一般为教材课文[93,94]。另外，许多研究者利用众包平台构建自己需要的语料库[95,96]。由于众包平台的成熟化，众包平台上标注的数据质量也非常高，在机器学习领域得到了广泛的使用。

① http://classroommagazines.scholastic.com/.

② https://www.bbc.co.uk/bitesize.

3.4　可读性评估方法

传统的可读性评估方法只利用了文本的表面特征，忽略了文本深层次的特征，这些深层次的特征是影响可读性的重要因素，如衔接、句法歧义、修辞关系等。它们也忽略了读者的认知能力，如读者的先验知识和语言技能。由于这些局限性，传统的可读性公式预测文本可读性的有效性常常受到质疑。

传统可读性公式的局限性，加上机器学习和计算语言学的进步，以及训练数据的不断增加，促成了新的可读性评估方法于 21 世纪初至现在的快速发展。可读性评估方法也从基于特征工程的分类方法发展到基于神经网络模型的方法。特征工程是利用了更丰富的语言特征对文本进行表示，然后采用分类模型对文本的可读性进行预测。考虑到特征工程需要大量的人力资源，神经网络模型能够省去特征工作带来的烦琐，直接从原始的标注语料进行学习。神经网络模型也广泛用于可读性评估，而且取得了显著的性能提升。最近一些工作结合特征工程对文本的表示和神经网络模型对文本的表示，进行可读性评估，也取得了不错的效果。

总之，这些限制加上最近自然语言处理的快速发展和大量的数据资源被公开，激发了研究人员探索如何将更丰富的语言特征与机器学习技术相结合，设计新一代更健壮和更灵活的可读性评估方法。

3.4.1　可读性评估特征

可读性评估特征就是从文本的多个层面对文本进行表示，从而能够进行更准确的预测。具体使用的特征[97]包含以下五类：传统特征、词汇特征、句法特征、语言模型特征和篇章特征，如表 3.2 所示。

表 3.2　常用的可读性评估特征

类型	特征
传统特征	词汇难度(词长、音节数、常用词占比)
	句子难度(平均句长)
	公式分数(FK 分数、Lexile 分数等)
词汇特征	大语料库中该词在日常使用中的相对频率
	类符-形符比(文档内不同单词数占词总数比例)
	虚词占词总数的比例(与目标语料的通用语料相比)
	代词占词总数的比例(与目标语言中的一般语料库相比)

续表

类型	特征
句法特征	平均句法分析树的高度
	平均每个句子(动词、形容词)词组数
	平均从句数
	句子成分集合的最长距离、平均距离
	每个句子句子成分的平均数、最大数
语言模型特征	语言模型的困惑度(与通用模型或者任务具体的模型相比)
篇章特征	每篇文档中总实体、不同实体的总数目
	每个句子中总实体、不同实体的总数目
	每个句子/文档中命名实体占的比例
	所有实体中命名实体占的比例
	每个文档中词汇链的总数目
	使用文档长度规范化的词汇链总数
	文档中词汇链的最大长度、平均长度
	文档中词汇链的最大跨度、平均跨度
	跨度超过半个文档长度的词汇链数目
	局部实体转换模型的概率

1. 传统特征

传统特征是一些从文本表面上获取的，被传统的可读性公式使用的特征，通常包含每个词语的平均字符数(即词长)、每个词语的平均音节数，以及每个句子的难度，还包括一些可读性公式得分，如 FK 分数和 Lexile 分数。

2. 词汇特征

词汇特征反映了词汇在可读性评估中的重要性，用来抓住词汇的难易程度或熟悉程度相关的属性，例如，文本中出现的特定单词或短语。常用的一个聚合词汇特征是文档内不同单词数占词总数的比例，也被称为类符-形符比(type - token ratio, TTR)。但是，传统的 TTR 会受到文本的长度影响。平方根的 TTR 和修正的 TTR 能够带来非偏见的表示，更常被实验所采用，这里平方根的 TTR 和修正的 TTR 不是采用词数目做分母，而是采用文本长度的平方根和对数。类符-形符比是一种非常普遍的用于丰富词汇度量的方法，可以扩大文本中词汇的范围和多样性[98]。

另一个广泛使用的特征是该词在日常使用中的相对频率，如在一个具有代表性的大型语料库中的相对频率，或用是否在参考词列表中来衡量。例如，英文词语简介(english vocabulary profile, EVP)①常常被用来估计词语的复杂度。EVP 是一个在线的词汇资源网站，包含了不同欧洲共同语言参考标准(the common European framework of reference for language, CEFR)等级的词语和短语。EVP 提供了六种不同的 CEFR 等级水平，主要服务的对象是英语非母语的学习者。另外，还有其他的词语特征，如虚词占词总数的比例和代词占词总数的比例。

3. 句法特征

句法特征对文本理解的影响很早就被大家所熟知。句法特征主要利用句法分析树，通过对句子进行句法分析，使句子的句法结构能够以句法分析树的形式体现，树的高度、宽度等特点能在一定程度反映句法结构的复杂度。例如，句法分析树越高，句子的句法越复杂。Schwarm 等[99]和 Feng 等[100]在研究中使用的句法特征主要包括平均句法分析树的高度、平均从句数、平均每个句子名词(动词、形容词)词组数等。

句子成分之间的语法关系(grammatical relation, GR)也可能影响句法的难度，通常利用句子成分之间的距离来捕捉文本的语法复杂性。Yannakoudakis[101]在论文评分中应用了基于 GR 的复杂性度量，并显示出了良好的结果。使用的特征有句子成分集合中的最长距离、平均距离，以及每个句子句子成分的平均数、最大数。

还有从句法解析器输出派生的其他类型的复杂性度量，如生成解析树而执行的解析操作的总数、可能的解析树的不确定性等。

4. 语言模型特征

语言模型特征主要指的是利用统计语言模型获取的特征。给出文本中任何词的相对概率，统计语言模型可以看成是一个单词直方图。给定训练语料，通过统计语言建模从中收集单词的频率和顺序等统计信息。Dale-Chall 公式中采用的词语列表可以看成是一个简单的语言模型。Collins-Thompson 和 Callan[102]

① http://www.englishprofile.org/.

提出的统计语言建模方法极大地推广了该种基于词汇的方法，可以从训练数据中自动构建多个语言模型，通常每个级别构建一个模型。该统计模型可以捕获各个级别上词汇使用的细粒度信息。统计语言建模提供了在所有等级模型中预测结果的概率分布，而不仅仅是单一等级的预测，还提供了更多关于文档中每个单词的相对难度。Petersen 等[103]在四个语料库上分别训练了一元、二元和三元语言模型，把这 12 个语言模型的困惑度(perplexity)作为词汇难度的指标。Feng[104]使用了四种文本序列表示方法，即词序列、词性序列、词+词性序列、信息增益(information gain)选择后的词+词性序列来表示四个训练集，也分别训练了三个语言模型，把 48 个困惑度作为语言模型特征。

5. 篇章特征

文本不是一系列随机句子的组合。具有良好组织、连贯内容的文本应该比没有组织的文本更具可读性。语言由于元素之间的依赖性和相关关系而呈现出更高层次、更大范围的结构。通常，文本中一个元素的解释可能依赖另一个，这个特性称为衔接[105]。在宏观层面上，语篇的连贯性反映了其论据和思想的逻辑顺序以及系统的组织结构，也可以被认为是影响语篇可读性的语篇层次结构的一部分。Pitler 等 [106]首次尝试结合词汇、句法和高级语篇特征对英语文本可读性进行预测。他们的研究验证了语篇关系与文本可读性密切相关，对文本的可读性预测和排序都具有很强的鲁棒性。常用的篇章特征有以下三种类型。

(1) 实体密度特征。实体集合指的是文本中的命名实体和一般名词(包含名词和专有名词)的集合。实体密度特征包括每篇文档中总实体、不同实体的总数目，每个句子中总实体、不同实体的总数目，每个句子/文档中命名实体占的比例，所有实体中命名实体占的比例等。

(2) 词汇链特征。词汇链指的是文本中所有实体之间的语义关系。名词的语义关系包括同义词、上位词、下位词，这些都可以从 WordNet 中获取。针对文档中的每对名词，通过核对它们之间的语义关系，构建词汇链。常使用的 7 个词汇链特征包括每个文档中词汇链的总数目，使用文档长度规范化的词汇链总数，文档中词汇链的最大长度、平均长度，文档中词汇链的最大跨度、平均跨度，跨度超过半个文档长度的词汇链数目。

(3) 实体网格特征。基于实体的方法测量文本的衔接性可以通过实体网格模型[107]获取。实体网格用一个二维数组对文本进行表示，保存的是文档中句子之间篇章实体的分布。每个网格单元包含一个特定实体在指定句子中的语法角色，通常指以下角色：是不是主语，是不是宾语，既不是主语也不是宾语，是否在句子中出现。句子的实体转换被定义为一个句子中实体的语法角色到另一个句子中的转换。16 种类型的局部实体转换模型的概率被用来表示文档的衔接性[97]。

3.4.2　基于特征工程的分类方法

与传统可读性公式不同的是，分类模型一般使用数十个甚至数千个特征，这些特征可能包含了阅读者的背景知识不同和理解能力不同的特征。因为利用大量的特征能够更好地捕捉许多特征之间的复杂关联，这些模型通常能够为特定任务或群体提供更高的预测精度和可靠性。本节将介绍这些基于特征工程的分类方法，如图 3.1 所示[85]。

首先，构建一个标准的文本训练语料库，训练语料库中的每一个文本都被标注了可读性级别或难度分数。这些标注通常由专家人工标注，也可以采用其他标注方法进行标注，如众包平台(将在后面讨论)。这些标注的标签是根据专家以往的经验来对目标人群阅读理解水平的估计，例如，阅读难度标签的标准等级通常按照年级来划分，也有使用其他衡量标准。等级级别可以是表示难度级别的离散数值，例如，美国阅读等级级别 1～12，也可以是一个范围内的连续值，方便于从等级级别内确定具体的等级，这对于早期的等级划分尤其重要。

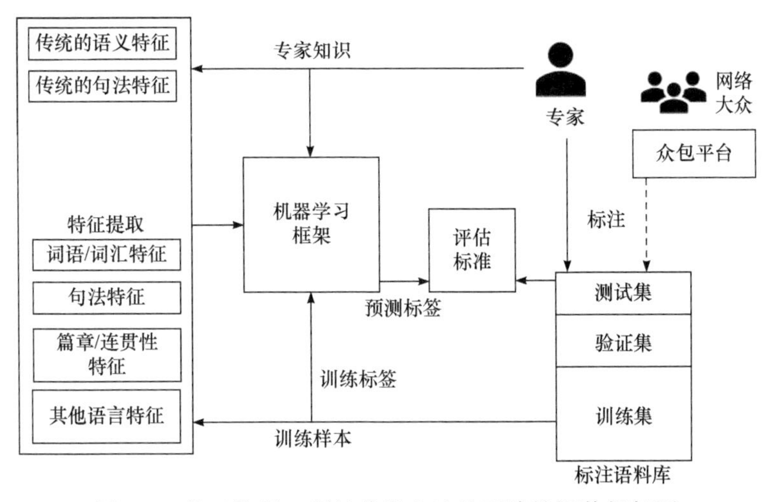

图 3.1　基于特征工程的分类方法的可读性评估框架图

其次，选择一些可读性评估特征对文本进行表示。这些特征用来抓住文本所表达的语义、句法和其他属性，具体可以查看 3.4.1 节所介绍的特征。

再次，分类模型如何利用提取的特征进行学习，并预测文本的可读性标签。首先，对于来自标注语料的每个训练样本，利用提取的特征对文本进行表示，获取文本的特征表示向量。

接着，可读性度量的计算可以描述为将特征表示向量映射到对应于难度或等级的数值输出值的函数。根据输出变量的度量尺度，计算可读性预测可被转化为分类问题(具有有序或无序类别级别)、回归问题(具有连续值级别)或排序问题(具有有序相对级别)。训练过程中，通过比较每个文本的预测标签和真实的标签对模型的参数进行调整，以便模型对每个文本的标签预测尽可能接近相应的真实标签。一种常用的预测误差的测量方法是均方根误差(root mean squared error, RMSE)。为了找到一组能够很好地推广到新文本的模型参数，在训练阶段，会利用验证级对模型进行优化。

最后，将优化后的模型应用于标注语料库中未被使用的语料库(称为测试集)，估计预测模型对未来文本的推广效果。相对于传统的可读性评估公式，这种数据驱动的可读性预测方法更加灵活，只要有可用的训练数据，就可以很容易针对不同的任务或群体重新训练模型。

大多数研究工作都是基于回归或分类问题的。Heilman 等[108]比较了各种分类和回归模型，包括不同度量尺度的选择。François 等[109]使用两种预测模型线性回归和支持向量机，比较了传统和非传统可读性特征的性能。他们发现，剔除非传统特征会降低预测的性能，并且最佳预测性能是联合传统的和非传统的特征获得的。根据所使用的评估方法，支持向量机[110]在准确性上优于线性回归。

Kate 等[111]进行了一次有代表性的实验，研究了特征选择和学习框架选择对可读性评估的影响。在不改变学习模型的情况下，依次改变输入的特征，如只利用词汇特征结合最佳学习模型(袋装决策树)的相关性为 r=0.5760，仅使用句法特征的相关性为 r=0.7010，使用基于语言模型特征的相关性为 r=0.7864，同时使用所有特征的相关性最高为 r=0.8173。然而，在改变学习模型的同时使用所有特征，得到结果：使用高斯过程回归的相关性为 r=0.7562，使用决策树的相关性为 r=0.7260，使用支持向量回归的相关性为 r=0.7915，使用线性回归的相关性为 r=0.7984，使用袋装决策树的相关性为 r=0.8173。可以得出从改变学习模型中获得的性能优势在很大程度上小于从改变特征中获得的性能优势。因此，学习模型的选择可能相对更重要一些。

Xia 等[97]对可读性评估特征中提到的五类特征进行了一个全面的对比，分类模型采用的是支持向量机。在 WeeBit 数据上的结果显示，联合所有特征的分类模型获得最佳结果(准确率为 0.803)。对每一类特征进行了消融实验，发现每一类特征都有助于提高整体模型的性能。

一些研究[106]将可读性预测视为一个成对偏好学习问题，预测成对文档的相对难度，而不是给出每一对文档的绝对水平。在此基础上，Tanaka-Ishii 等[112]将文本可读性视为一种排序问题，结合文本的成对评估，基于阅读文本的难易程度对文本进行排序。对于只需要相对排序的应用程序，这是一种自然而有用的方法，例如，搜索引擎对文档进行相对排序。

3.4.3 神经网络分类方法

神经网络在许多与语言相关的任务中都显示出令人印象深刻的性能。事实上，在所有的语义相关任务中，只要有足够的数据可用，它们就可以达到最先进的性能。不同于基于特征的文本可读性方法，神经网络方法不需要任何特征输入，大大减小了处理的复杂度。但是，神经网络方法需要大量的标注语料，如果缺乏足够的语料，其性能将大打折扣。针对可读性评估并没有提出新的方法，都是直接使用已有的神经网络分类方法。Martinc 等[113]对比了以下三个具有代表性的神经网络分类方法。

(1) 双向的长短时记忆(BiLSTM)网络。BiLSTM 层拼接了前向和后向的 LSTM 层。对 LSTM 的输出结果分别进行最大池化层和平均池化层操作，得到最大池化向量和平均池化向量。最后，拼接最大池化向量和平均池化向量，并输入到线性层得到最后的预测结果。

(2) 层次的注意力网络(HAN)。Martinc 等采用了 Yang 等[114]的框架，考虑了文本的层次结构，将两层注意力机制应用于双向 LSTM 编码的单词和句子表示。两层注意力机制指的是普通的注意力机制[80]和多头注意力机制[81]。

(3) 基于预训练语言模型的方法。预训练语言模型 BERT 被使用。通过在 BERT 顶部加一个线性分类层完成分类任务。

Martinc 等在三个语料库(WeeBit、OneStopEnglish 和 Newsela)进行了实验对比。采用分类评估指标 F1 作为度量指标。在 WeeBit 语料库的实验结果显示，BERT 模型取得了最好的结果(0.8581)，HAN 取得了最差的结果(0.7520)。在 OneStopEnglish 语料库的实验结果显示，HAN 取得了最好的结果(0.7888)，BERT 取得了最差的结果(0.6772)。在 Newsela 语料库的实验结果显示，HAN 取得了最好的结果(0.8101)，BiLSTM 网络取得了最差的结果(0.6985)。可以看出，神经网络方法用于文本可读性评估有着更大的发展潜力，必定能够吸引更多研究者的关注。

Deutsch 等[115]在原始的特征工程基础上，添加了 HAN 和 BERT 模型的预测结果作为额外的特征，然后采用支持向量机方法进行分类。实验结果显示，添加了额外的神经网络特征的支持向量机方法的性能得到了提升。另外，添加句法特征和词汇特征到神经网络分类方法中，并没有提升神经网络分类方法的性能。现有的方法都是直接使用神经网络分类方法，未来更多的工作应该是专门针对可读性评估设计神经网络分类模型。

3.5　汉语文本的可读性评估

英语文本的可读性研究发展较早且成果丰富。与英语不同，汉语文本可读性研究仍处于起步阶段，多集中在可读性公式的研究上。汉语可读性公式的构建大致遵循了英语可读性公式的研究范式，但在特征选择和应用领域上具有自己的特点。特征选择的不同是由汉、英各自的语言特点决定的。汉语的文字载体是汉字，从形体上来说，汉字是由笔画构成的方块字；从性质上来说，汉字是语素音节文字，一个汉字通常表示汉语里的一个词或一个语素，具有音形义相统一的特点。杨孝溁[116]从字词句三个粒度选取了笔画数、完全对称字率、单音词率、成语比例等 23 个语言特征对中文报刊文本的可读性进行了相关性分析。Hong 等[117]应用趋势分析法，从词、语义、句法、连贯四个层面选取了 32 个特征进行对比分析。

在应用上，汉语文本可读性研究的成果主要集中在教学领域。在汉语作为母语的教学领域，张必隐等[118]利用初中二年级学生的完形填空成绩对 20 篇字数在 250 字左右的段落进行了可读性公式的拟合。荆溪昱[119]以年级作为因变量，对台湾地区 1～12 年级的语文课本进行了难度的量化分析，并比较了每篇课文实际年级与实际难度的偏差。母语教学领域的工作给汉语作为第二语言的教学领域提供了可借鉴的经验。对外汉语教学领域教材多样，但多套教材在同一水平上重复，缺乏科学的语言点设置和对外汉语教材评估体系[120,121]。基于此状，张宁志[122]借鉴母语教材的评估经验，使用每百字的句子数、平均句子长度、非常用词数对常用的 16 本中高级教材进行了难度评估，具有开创性价值。郭望皓[123]对汉语文本难度进行了探究，首先通过问卷调查的方法，对影响对外汉语文本难度的因素进行了调查和筛选；然后对筛选后的文本，通过 CRITIC 加权赋值法计算了各因素的权重系数；最后拟合出对外汉语文本的可读性公式，如式(3.8)所示：

$$Y = -11.946 + 0.123x_1 + 0.198x_2 + 0.811x_3 \tag{3.8}$$

式中，x_1 为平均句长，x_2 为汉字难度，x_3 为词汇难度，该公式的拟合难度为 0.917。

左虹等[124]在教师问卷调查和学生完形填空测试的基础上，通过多元线性回归的方法建立了一个针对中级欧美留学生的可读性公式。王蕾[125]以 90 名初中级水平的日本及韩国留学生在记叙性短文上的完形填空成绩作为因变量，从字、词、句、篇四个方面筛选了 17 个特征。利用这 17 个特征对 20 篇短文的难度进行量化，构建了专门针对初中级日韩汉语学习者的可读性公式。这两项研究明确了所建立可读性公式的适用范围，对教学有一定的针对性和实用价值。

除了教学领域外，邹红建等[126]对外汉语教学中常用的报刊文本进行了可读性研究。研究先假设报刊文本的难易度与文本长度和常用词的比例有关，然后通过比较文本位置偏移累加和人工标注结果的方法确定二者的最佳系数。但是，受语料长度的限制，该系数并不是普遍适用的。Sung 等[127]对影响汉语文本可读性的因素进行了探究，并借鉴英文文本分析工具 Coh-metrix[128]，构建了适用于中文的文本分析工具 CRIE(the Chinese readability index explorer)，该工具主要关注中文文本的衔接性和连贯性，可以分析的指标包括词性、词频、衔接性、词汇信息、连词、句子结构等。孙刚[129]选取表面特征、词汇特征、语法特征和信息熵特征建立线性回归模型，进行可读性预测，重点探讨了特征选择工程对最终模型性能的影响。曾厚强等[130]和蒋智威[131]结合 FastText 词向量表示与深度学习模型(卷积神经网络)对文本可读性进行分类预测。汉语文本可读性的自动分析研究虽然取得了一些成果，但仍具有以下不足：

(1) 汉语文本可读性研究在研究对象、数量、方法和应用领域等方面都还比较有限，大部分是针对某个特定群体的学生进行的教材分析和教学研究工作。从总体上看，面向第二语言学习者的可读性研究成果丰富，面向广泛母语人群的可读性研究有广阔的发展空间。

(2) 影响或预测汉语文本可读性的指标还有待扩充和验证[127]。一方面，影响或预测拼音文本可读性的语言特征不一定适用于汉语文本可读性研究；另一方面，现有可读性研究工作中使用的各项特征在范畴归属和特征效度上存在冲突，还有待系统的梳理和验证。

(3) 主要以线性模型为主，自然语言处理技术在中文可读性的自动分析研究上应用不足。

(4) 公开的文本难度标注语料库构建不足。由于缺乏公开的训练和测试数据，研究者只能自己构建教材课文语料库，在模型评价时只能采用自评的办法，缺少研究的横向对比。

3.6　可读性评估的应用

与可读性评估计算方法同样令人关注的是可读性评估的应用。这里将回顾针对不同任务和人群的自动可读性预测的几个重要扩展和应用[85]。

3.6.1 第二语言学习者的可读性

针对可读性评估，母语(L1)的阅读者与第二语言(L2)的阅读者有着截然不同的专业技能和需求。对于母语和第二语言阅读者，学习语言的时间线和过程都是不一样的。对于母语学习者，从婴儿期就开始学习，在孩子开始接受正规教育之前，大概四岁时习得基本语法结构[1]。第二语言阅读者通常是在上大学的时候或者更大的年龄才拥有复杂的概念词汇，仍在积极地学习目标语言的语法。即使是掌握第二语言可读性能力的中级和高级的学生，也需要与目标语言的语法作斗争。

一些工作关注第二语言的自动可读性评估方法，试图解释第二语言学习者的这些特性。针对第二语言阅读者，Heilman 等[132]最先采用基于特征工程的分类方法进行研究。他们发现语法特征在第二语言可读性预测中的作用可能比在第一语言可读性预测中的作用更为重要。Xia 等[97]联合了传统、词汇、句法、语言模型和篇章所有的特征输入到支持向量机分类算法，也采用了神经网络分类方法。整体来说，神经网络方法取得了当前最好的结果。

3.6.2 具有语言学习障碍的读者

除了针对母语和非母语人士，一些工作也针对有语言学习障碍和诵读困难的人设计适合的可读性评估方法。Abedi 等[133]利用阅读测试项目对八年级学生进行可读性评估实验，发现经典可读性特征(如语法和认知特征)对有阅读障碍的读者存在负面的影响。通过大量的实验，他们发现这些特征，即字体大小、字体样式、不必要的视觉材料的数目、长度大于 7 的词语，对读者也有很大的影响。他们建议，在不更改阅读结构的情况下，通过调整每页的字数、字体等达到最佳的阅读效果。Rello 等[71]对于阅读障碍的读者也有着类似的发现，发现单词长度至关重要，较短的单词有助于理解。

Sitbon 等[134]根据传统可读性评估(即法语版的阅读评估评分)所提供的特征，对有阅读障碍的读者在阅读过程中的心理进行研究，该研究主要预测对音位衔接、副词和连词的阅读时间。Chinn 等[135]对已有的关于为智力缺陷人士提供意见阅读的研究进行总结，发现个性化定制信息更有可能满足智障人士的个性化健康信息需求。在创造无障碍信息过程中出现的不同社会形态有可能促进不同群体的参与。

Fourney 等[136]研究了有语言学习障碍的读者对搜索引擎返回的网页内容的可读性评估。除可读性评估外，文本简化和摘要技术也有望成为提高有特殊需求的学习者(如诵读困难的学习者)可读性的方法[137]。

3.6.3　计算机辅助教育学习系统

许多教育场景要求学生能够在正确的难度水平或正确的难度类型上找到信息。因此，在教育场景中需要自动化的可读性度量，特别是在语言学习和阅读辅导系统中。例如，一个在线语言老师为了帮助学生学习新词汇，可能需要从网上查找适合学生的阅读材料。

卡内基梅隆大学语言技术学院(http://REAP.cs.cmu.edu)开发了辅助语言教学的系统 REAP。REAP 使用先进的过滤和排名技术，以英语、法语和葡萄牙语提供个性化的语言教学。REAP 提供了一个测试的实验平台来研究怎么帮助学生最有效地学习词汇。在一项对照研究[138]中，利用 REAP 的个性化学习的学生，在词汇学习方面的表现得到了显著的提升。Beinborn 等[139]研究可读性评估方法在自主语言学习中的适用性，建议对可读性的各个等级的特征进行评估，而不是对整体可读性进行预测。

另外，课堂的一些工具也利用了可读性评估的方法，如 ReaderBench[140]。Reader-Bench 通过分析文本复杂性，以提供适当的阅读策略，该工具包含了丰富的文本表示特征，如高级可读性评估特征中的篇章特征。

3.6.4　Web 内容的可读性评估

利用搜索引擎是人们从互联网获取信息的主要方式之一。除了具有非传统结构的文本之外，网页还可能包含图像、视频、音频、表格和其他影响文本可读性的丰富元素。文档价值的一个关键方面是用户能否理解文档内容。Web 内容的访问通常忽略了 Web 内容的可读性。对 Web 内容可读性缺乏考虑的情况在 Web 搜索引擎中尤为明显。一些工作[141]已经认识到可读性作为 Web 内容搜索的重要性。但是，传统的搜索引擎忽略了把文档的困难度和用户的阅读能力考虑到检索过程中。

对于一些特殊领域，如老年人的在线医疗资源[142]，以及儿童和学生的教育资源[143]，不仅需要更易访问的内容，还需要适合目标用户的内容。虽然通过搜索引擎提供可访问的内容需要解决界面设计、内容筛选和结果呈现方面的许多重要问题，但一个根本问题是在正确的阅读难度级别上提供相关结果。解决这个问题的第一步是用包含可读性估计的元数据对现有网页进行排序。

与传统文本不同的是，Web 页面由于其超文本表示形式而具有有价值的附加信息源，如页面之间的链接集和与这些链接关联的锚文本。Gyllstrom 等[144]提出了 Agrank 算法，该算法对 Web 文档进行了适合于成人或儿童的二分类。在 Google 的 PageRank 算法的基础上，AgeRank 方法使用页面颜色和字体大小等特征来帮助确定页面的标签。Collins-Thompson 等[143]介绍了从特定用户与搜索引擎的交互中自动估计其阅读能力的初步工作。Fourney 等[136]对 174 名诵读困难者和 172 名非诵读困难者进行了对比实验，要求他们分别对搜索引擎返回的结果进行可读性和相关性打分。从搜集的结果分析，他们发现这些特征文本中每行文本的字的数目、图片的大小、出现在句子中的文本与不出现在句子中的文本(如标题、标签等)的比例能够提供用户群里的整体认知性，而不仅仅是诵读困难者。这些特征也许可以融入网页的排序当中，提供文档的访问性。他们还发现诵读困难搜索者在提供明确的相关性判断时可能有强烈的中心倾向偏见。

为了使用户与 Web 内容相匹配，搜索引擎或推荐算法需要对用户的阅读能力进行表示和估计。孩子们可能不想要太难的材料，专家们可能想要高技术含量的内容，而不是教程和介绍性的文本。考虑用户和内容可读性水平的 Web 搜索引擎旨在缩小用户的阅读能力和文档的阅读难度之间的“差距”。与其他类型的个性化一样，考虑用户和内容可读性水平的 Web 搜索引擎，存在一种风险-回报权衡，用户希望将易于阅读的文档提升到更接近用户阅读能力的水平，同时不要偏离默认排名太远，而默认排名通常是针对“普通”用户优化的排序结果。

3.7　未来研究方向

基于对现有研究工作的总结，以及数据和计算资源可用性不断提高的趋势，本节总结了几个未来的研究方向。

1. 大规模的可读性评估语料的构建

自动可读性评估研究进展面临的一个挑战是缺乏有代表性的语料库和相关语料库，特别是英语以外的其他语言。即使是英文可读性评估语料，数据的规模也不是很大。亚马逊土耳其机器人(AMT)等众包平台的兴起，使得从大量不同的非专家受众那里收集可读性标注成为可能，这些非专家标注的语料总体上花费了很少的成本，同时有着接近专家质量的标注。de-Clercq 等[145]最先尝试利用众包平台获得可读性评估的标注语料，并对通过众包获取的数据质量进行评估。实验对比了专家标注的数据和使用众包工具排序的数据，得出的结论是这两种方法获取的数据质量相当。

神经网络分类方法是当前研究最多，也是最好的可读性方法。神经网络分类方法要想取得显著的成果，拥有大规模的标注语料是前提条件。尽管众包平台为标注语料提供了另外一种渠道，但是现有的可读性评估语料根本满足不了深度学习方法的需要。例如，在机器翻译领域[80]，使用的标注语料都是几百万条。利用任何平台标注这么大规模的标注语料都是不可行的。因此，构建大规模的评估语料是可读性评估语料取得突破的关键因素。

2. 自适应个性化可读性方法

现有方法关注以下两点：降低需要阅读文档的难度和针对读者的知识能力获取相对应的文档内容。但是，如果是增加读者的知识角度，上面两种策略都不是最佳的策略。为此，研究设计一种自适应可读性的新方法，了解读者和将来阅读材料之间的“知识差距”。针对这些“知识差距”，对读者进行适当的知识扩展，或者适当对阅读材料进行扩展。例如，一篇关于胃痛“stomach aches”的文章可能用到了胃炎“gastritis”这个术语。该系统可以提供解释定义、背景材料的链接，或使用更熟悉单词的文本的简化版本。

这种自适应方法需要能够解决以下问题：通过计算和维护每个用户的动态阅读能力和领域知识模型来实现个性化的可读性评估；将阅读材料与用户的阅读能力模型进行比较；计算理解大部分文档所需要的且用户未掌握的关键内容。Agrawal 等[146]利用对句法复杂性和关键概念的估计，识别教科书中比较难理解的内容，找到该内容相对应的权威内容的链接。现在市场上的智能辅导应用程序，通过检索略高于当前阅读水平的内容帮助扩展学生的词汇，如 REAP 智能导师[102]。自动文本简化算法可以对可读性评估起到高度的补充作用，根据用户知道或不知道哪些单词的阅读能力概况，生成具有个性化知识的摘要。总之，可以看出这种个性化的教育模型是非常有吸引力的，特别是基于用户的个性化可读性评估。

3. 一个完整的文本可读性模型框架

现在文本可读性评估方法局限性非常大。这些方法更多关注文本的特征，尤其是文本表面的一些特征。很多考虑到其他方面，如概念难度、排版特征、用户特征、任务特征等。研究多模态、多维度的可读性评估方法是非常有必要的。这些方法更多关注的是文本，很少考虑读者的知识水平和任务的难易程度。教育和心理学研究通常将文本复杂性描述为文本属性、读者(用户)特征和任务复杂性的组合。这也是未来文本可读性方法发展的方向。

正如上面提到现有方法的局限性，当然还有许多其他方面的缺陷，一个巨大的挑战任务是开发一个包含所有这些方面的统一可读性模型。然而，这不是一个人或一组人的工作，所有的工作也不可能一次完成。重要的是先设计一个易于扩展的框架，通过逐步增加多个维度，覆盖多模态数据，构建可读性的整体框架。

3.8 本章小结

可读性评估的计算方法提供了一个强大的技术工具，涉及如何与信息交互，以及如何学习和发现信息等。尽管文本和读者都在发生变化，但对建模和估计文本难度和可读性方法的基本需求一如既往的强烈。

本章对该领域的回顾突出了在数据驱动和个性化可读性评估、非传统文本的测试收集和评估度量等领域缺乏研究工作，可能是由于领域的新颖性、设计和评估可靠的个性化模型方法的困难性。未来，个性化、数据驱动、深度知识型文本可读性模型有可能会进一步发展。

文本可读性评估仍然是解决人类语言理解核心问题的一个重要领域。只要有人类语言，人们希望互相学习和交流，文本可读性的自动评估就将存在。以用户为中心、以数据为驱动、以知识为基础的文本可读性评估是一个令人兴奋和有希望的研究方向，与在人类语言建模和解释中最困难的研究问题有着深刻的联系。文本可读性评估方法的进步将是很多应用的关键任务，能够丰富一系列的应用程序，帮助人们学习和交流。

第 4 章　词语简化方法

自动词语简化是用简单、同等意义的词语替代句子中复杂词的过程，是文本简化中的一个重要研究方向。随着自然语言处理技术的快速发展，词语简化方法也在不断更新与变化。本章着重介绍对词语简化方法的相关研究进行梳理，先对词语简化的整体框架进行解释；然后，将词语简化方法总结为基于语言数据库的方法、基于自动规则的方法、基于词嵌入模型的方法、基于混合模型的方法和基于预训练语言模型的方法；接着，通过实验对比多个代表性的词语简化方法；最后，对词语简化方法的发展方向进行展望和总结。

4.1　概　　述

词语简化(lexical simplification, LS)是指在不破坏原有句意的情况下，使用更容易阅读(或理解)的词或者短语代替原始文本中的复杂词。词语简化有很多实际应用背景，可作为终端用户的阅读辅助工具，也可作为其他自然语言处理任务的预处理步骤。词语简化是一种能够降低阅读难度的有效方式，特别是对有阅读障碍的人[71]、失语症患者[6]和读写能力差的人[147]。该任务已在不同的语种得到了应用，如英语[6,148,149,150]、西班牙语[71]、瑞典语[151]和葡萄牙语[147]，以及一些特殊的文本领域，如新闻[6]和医学[152]。

为什么词语简化是一种有效的简化文本的方式？心理语言学的有关研究对该问题进行了解释。Hirsh 等[153]和 Nation[154]的研究表明，英语学习者需要熟悉文章中 95%的词汇才能基本理解文本，熟悉 98%的词汇才能轻易地进行阅读。他们观察到那些熟悉文章词汇的人，即使不能理解文章中的有些语法，也可以理解文章想表达的意思。这些发现意味着通过替换复杂词可以有效地增加文章的可读性，这是一种有效的文本简化方式。词语简化方法作为文本简化方法的一类，在国外已经受到了广泛的关注，但是汉语作为一种非常复杂的语言，却鲜有人研究。因此，本章将系统地介绍该领域目前的技术发展状况以及挑战，希望为研究者提供一定的参考和帮助。

过去的 20 多年，随着自然语言处理技术的更新，很多词语简化方法也相应被提出。一般情况下，词语简化任务是先识别复杂词，然后寻找复杂词的最佳替换词。一个合适的替换词需要符合目标词的上下文信息并且使句子更加简单易懂。本章基于词语简化方法中采用的候选词生成策略不同，把已有简化方法分为五类[155]，即基于语言数据库的方法、基于自动规则的方法、基于词嵌入模型的方法、基于混合模型的方法和基于预训练语言模型的方法。本章对每类方法进行详细的介绍和总结，并讨论它们的优点和缺点。

4.2　词语简化框架

大多数词语简化方法[156]使用类似的以下四个步骤对句子进行简化，如图 4.1 所示。例如，给定一个句子 *S*= “The cat perched on the mat.(猫坐在沙发上。)”。

(1) 复杂词识别：判断给定句子中的哪些词是复杂词，如识别出复杂词“perched”。

(2) 候选词生成：生成可替换复杂词的候选词集合，如产生复杂词“perched”的候选词集合“rested, sat，alighted”。

(3) 候选词选择：选择符合复杂词上下文信息的候选词，如过滤到候选词alighted。

(4) 候选词排序：根据简单性、流畅性等特性对候选词进行排序。候选词“sat, rested”的排序结果中排序最高的是“sat”，紧接着是“rested”。最后选择排序最高的“sat”替代原词“perched”，得到的最终简化句子为“The cat sat on the mat.”。

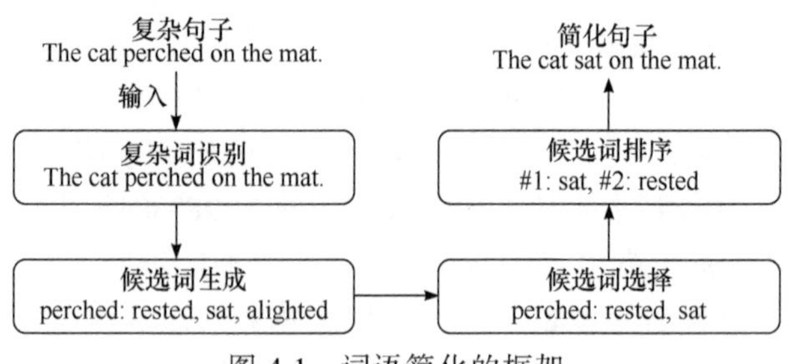

图 4.1　词语简化的框架

1. 复杂词识别

基于复杂词识别策略的不同，这里把复杂词识别方法分为以下几类：简化所有的词、基于阈值的方法、基于词典的方法、隐式复杂词识别、基于分类的方法和基于序列标注的方法。简化所有的词[157]是最早的复杂词识别方法，认为所有词都应该简化，现在已经很少被使用。基于阈值的方法[151,158]认为大于某种阈值的词属于简化词或复杂词，常用的阈值是词频或者长度等。基于词典的方法[147,159]利用简化或者复杂的词典进行识别。基于阈值的方法和基于词典的方法简单且容易理解，但是都有一定的局限性。隐式复杂词识别[160,161]是把复杂词作为一种候选词，让后面的步骤决定是否需要替换复杂词，这是一种非常实用的方法。基于分类的方法[162-164]把复杂词识别作为一种二分类任务，利用标注的数据学习分类器；该方法需要的特征往往很多，不同特征对性能的影响也特别大，采用集成的分类模型有着最好的分类性能。基于序列标注的方法[165]是最近提出的一种方法，对整个句子中的词语进行二分类预测，是唯一考虑了上下文对目标词影响的一类方法；可能由于词语复杂度识别语料规模都比较小，该方法并没有取得比基于分类的方法更好的效果。

2. 候选词生成

候选词生成是词语简化方法必不可少的一步。候选词选择和候选词排序两步关系紧密，许多方法省去了候选词选择这一步，直接进行候选词排序，因为排序过程本身也是一种选择过程。由于产生候选词的方式不同，已有的词语简化方法可以分为以下几类。①基于语言数据库的方法：最早的词语简化方法[157,147]使用同义词替换目标词，即选择目标词的同义词作为候选词。②基于自动规则的方法：考虑到词典的覆盖性不足问题，利用平行语料自动提取简化规则的方法[166,148]被提出，这里平行语料一般是指复杂句子和对应简化句子构成的句子对集合。这两类方法都是基于规则的方法。③基于词嵌入模型的方法：2010 年以后，随着词嵌入模型的快速发展，一些利用词嵌入模型的方法[149,160]也相应被提出。这些方法通过词嵌入模型获取词语的向量表示，然后计算词语之间的相似度，寻找最相似的词语作为候选词。不同于以前的方法，该类方法不需要语言数据库和平行语料，只需要原始文本训练词向量模型。④基于混合模型的方法：把词嵌入模型方法和前面一种或两种(语言数据库、自动规则)相结合[167,161]共同获取词语的候选替代词。⑤基于预训练语言模型的方法：最近几年，利用无标注的海量文本训练预训练语言模型，彻底改变了许多自然语言处理任务，如 BERT[82]。这些自监督的语言表示模型很多采用 MLM 进行学习。MLM 先通过随机掩码部分词语，然后通过上下文信息预测被掩码的词语对模型进行优化。因此，一些基于 BERT 的词语简化方法[7,8]就是对句子中的复杂词进行掩码，利用 MLM 对掩码词进行预测，并选择预测概率高的词语作为候选词。所有的候选词生成策略中，基于 BERT 的方法是唯一一类生成候选词过程中考虑了上下文信息的方法。

3. 候选词选择

候选词选择的目标是决定哪些产生的候选词可以用来替换目标词，对明显不合理的候选词进行过滤。例如，如果复杂词在句子中是名词，合理的候选词在原上下文的环境中也应该是名词，因此就可以通过候选词的词性，过滤不是名词的候选词。该步骤并不是必需的一步，很多词语简化方法都省略了该步骤。但是基于以往的候选词选择策略，可以大致分为以下几类。①选择所有候选词[168]：将生成的所有候选词都作为有效候选。②显式词义标注[169]：将该任务转换成词义消歧(word sense disambiguation, WSD)任务。该策略使用分类方法确定目标词在句子中具体的词义标签，然后选择具有相同标签的候选词作为有效候选。这种词义标签可以从语言数据库中找到，如 WordNet。③词性标签过滤[170]：选择与目标词具有相同词性标签的候选词作为有效候选词。④语义相似度过滤[166,171]：在考虑复杂词的上下文情况下，计算候选词与目标词之间的相似度，然后过滤掉与目标词语义相似度低的候选词。⑤多特征融合过滤[167]：联合多个特征对候选词进行过滤。

4. 候选词排序

候选词排序是词语简化的最后一步，是在保持原句语义的情况下，采用更简单的词语替代原有的复杂词。任务要求该步骤考虑目标受众的需求，并需要对词语的简单性进行量化，以便将目标候选词替换为顶级候选词后能够产生最简单的可能输出。已有的方法大致分为以下三类。①频率[6,168,172]：该方法不仅简单且非常实用，利用了一种直觉，更常使用的单词更容易被人所熟知。②简单性度量[166,173]：合并多个特征对单词的简单性进行度量是解决基于频率的排名策略局限性的一种方法。③机器学习[171]：利用机器学习技术对候选词进行排序，如支持向量机排序器 [174]和有监督的神经网络排序模型。目前最新的方法大多[149,175]都是利用多个规则对候选词进行排序，如果候选词不能很好地满足多个规则，则不进行替换。

4.3 词语简化方法的分类

依靠候选词生成策略对词语简化方法进行分类，每一类方法选择一些最具代表性的进行详细介绍与讨论，分类结果如表 4.1 所示。

表 4.1　词语简化方法列表

类别	年份	方法	类型	语言	复杂词识别	候选词生成	候选词选择	候选词排序
语言数据库	1998	Devlin 等[157]所提方法	无监督	英语	—	√	—	√
	2010	FACILITA 方法[147]	无监督	葡萄牙语	√	√	√	√
	2012	Keskisärkkä[151]所提方法	无监督	瑞典语	√	√	—	√
	2012	LexSiS 方法[158]	无监督	西班牙语	√	√	√	√
	2013	Kajiwara 等[176]所提方法	无监督	日语	√	√	—	√
自动规则	2011	Biran 等[166]所提方法	无监督	英语	√	√	√	√
	2014	Horn 等[148]所提方法	无监督	英语	√	√	—	√
	2016	SimplePPDB 方法[177]	无监督	英语	×	√	×	×
	2018	Kriz 等[178]所提方法	无监督	英语	√	√	—	√
词嵌入模型	2015	Light-LS 方法[149]	无监督	英语	—	√	—	√
	2016	LS-NNS 方法[160]	无监督	英语	—	√	√	√
混合模型	2017	NNLS 方法[161]	有监督	英语	—	√	√	√
	2019	REC-LS 方法[167]	无监督	英语	√	√	√	√
预训练语言模型	2019	Zhou 等[7]所提方法	无监督	英语	×	√	—	√
	2020	LSBert 方法[175]	无监督	英语	√	√	—	√

注：“—”表示不需要该步骤，“×”表示需借助已有的方法，“√”表示使用了该步骤。

4.3.1　语言数据库

从专业人员手动构建的数据库中寻找候选词是一种最常用的策略，它是将词典中提供的同义词和其他相关单词作为候选词。由于很多语言都有词典，或者同义词词典等语料，该类方法的好处是容易理解，也容易实现，已经被用于很多语言的词语简化。例如，英语常用的 WordNet 包含了 117659 个同义词集[179]。还有 Global WordNet①是一个囊括不同语言各种版本的 WordNet 平台，总共包括了 78 种不同的 WordNet，其中包括了一些多语言的 WordNet，如 Open Multilingual WordNet。

1. Devlin 等[157]所提方法

(1) 该方法不执行复杂词识别步骤，而是认为句子中所有的词都可以被

① http://globalwordnet.org/.

简化。

(2) 该方法直接从 WordNet 中提取目标词的同义词作为候选词。

(3) 该方法不执行候选词选择步骤，将生成的所有候选词都作为有效候选。

(4) 该方法利用最简单的频率策略对候选词进行排序，其中统计词频的语料选择的是 Brown 语料库[17]。

2. FACILITA 方法[147]

FACILITA 是 PorSimples 项目中一个用于简化网页的工具，是面向葡萄牙语识字率较低的读者的简化框架。

(1) 该方法用于识别简单词的词典主要由三部分组成：儿童书籍中提取的单词、新闻文档中的高频词以及由 Janczura 等[180]手动标注的具体词。

(2) PorSimples 工程使用由 TeP 2.0 数据库和 PAPEL①提供的相关单词集作为候选词生成的语义词典。这两个语料库能够最大限度地覆盖现有的同义词和反义词。

(3) 在候选词选择这一步，该方法使用词性标签过滤并丢弃与目标词词性不一致的候选词。该方法使用的是在 NILC tagset 语料上训练的 MXPOST 分词器。

(4) 在候选词排序步骤中，该方法采用基于词频的方法，利用搜索引擎作为词频统计获取的来源。具体是利用 Google API 获取的页面数统计候选词的频率，接着依据词频对候选词进行排序。这种策略对于在线场景中的任务非常实用，因为它放弃了经过数十亿字训练的大型语言模型，允许创建轻量级的简化器。然而，鉴于搜索引擎数据库的不断更新扩展，这些方法的表现不稳定且难以复现。

3. Keskisärkkä[151]所提方法

(1) 该方法使用单词长度作为单词复杂性度量。实验结果显示基于单词长度的阈值策略能够有效减少错误的数目。例如，仅简化长度超过 7 的单词生成的句子比简化所有词生成的句子具有更高的可读性。

(2) 该方法使用 SynLex②(瑞典语词典)来寻找比复杂词更频繁出现的同义词作为候选词。

(3) 该方法不执行候选词选择步骤。

---

① http://www.linguateca.pt/PAPEL.

② http://folketslexikon.csc.kth.se/synlex.html.

(4) 该方法从瑞典 Parole 数据库[①]中提取词频对候选词进行排序。

4. LexSiS 方法[158]

LexSiS 是一个用于西班牙语的词语简化系统，利用同义词词典提取候选词。

(1) 该方法采用基于阈值的方法识别复杂词。当词语出现在一个大型语料库中的句子数目超过 1%时，该单词被归为简单词。使用的大型语料库是从网页中提取的含有 8000000 个词的西班牙文本。

(2) 从西班牙语料库 OpenThesaurus[②]中查询西班牙语复杂词的同义词。

(3) 在候选词选择步骤中，主要是将候选词与复杂词的上下文进行聚类然后筛选。为候选词创建 9 个词(左右各 4 个词)的窗口共现词向量 $C(\mathrm{Sent}(t))$ 和 $C(c)$，其中 $C(\mathrm{Sent}(t))$是目标词 t 在句子 Sent 中的词向量表示，$C(c)$是候选词 c 在大语料中的词向量表示，词向量的大小是词汇表的大小。计算 $C(\mathrm{Sent}(t))$ 和 $C(c)$之间的余弦距离，丢弃所有值小于 0.013 的候选词。这里使用的 0.013 是通过实验获得的阈值。

(4) 基于词语的长度和词语的频率，设计一种对候选词进行排序的度量方法。在此基础上，设计了两个加权数，如式(4.1)所示，其中 α_1 和 α_2 是可调整的权重参数。

$$M(c)=\alpha_1\mathrm{score}_{\mathrm{wl}}(c)+\alpha_2\mathrm{score}_{\mathrm{freq}}(c) \tag{4.1}$$

为了确定 α_1 和 α_2，Bott 等[158]采用启发式搜索从一组人工创建的词语简化中最大化评估得分。式(4.1)中的 $\mathrm{score}_{\mathrm{wl}}(c)$和 $\mathrm{score}_{\mathrm{freq}}(c)$分别在式(4.2)和式(4.3)中给出：

$$\mathrm{score}_{\mathrm{wl}}(c)=\begin{cases}\sqrt{\|c\|-4}, & \|c\|>5\\ 0, & 其他\end{cases} \tag{4.2}$$

$$\mathrm{score}_{\mathrm{freq}}(c)=\ln(F(c,\mathrm{Simple})) \tag{4.3}$$

其中，$F(c,\mathrm{Simple})$是从西班牙的 Simplext Corpus[181]中提取的词频。式(4.2)的动机来源于一项观察发现。通过观察人工制定的西班牙语词语简化规则，发现复杂词平均比简单词多四个字符。

① http://spraakdata.gu.se/parole/lexikon/swedish.parole.lexikon.html.

② http://openthes-es.berlios.de.

5. Kajiwara 等[176]所提方法

Kajiwara 等所提方法是针对日语的词语简化方法。

(1) 该方法使用基于词典的方法确定复杂词。不在简单词词典“Basic Vocabulary to Learn”的词都被认为是复杂词，该词典收集了能够帮助儿童更易交流的 5404 个日语单词。

(2) 候选词的产生是从字典的定义中获取的。这里使用的字典提供了单词描述但不包含同义关系。该方法首先在字典中查询目标词的定义，然后利用分词器对定义进行分词，接着提取和目标词具有相同词性标签的词作为候选词。

(3) 候选词选择所选用的日语词典有三个，即 EDR[182]、Sanseido[183]和 The Challenge[184]。

(4) 在候选词排序过程中，简单性度量也融入了候选词和复杂词上下文之间的联系。具体计算方法是将简单性表示为六个指标的加权和，如式(4.4)所示：

$$\begin{aligned} M(S,t,c) = {} & \alpha_1 \mathrm{Fcorpus}(c) + \alpha_2 \mathrm{Sense}(c,t) + \alpha_3 \mathrm{Cooc}(c,S) + \alpha_4 \mathrm{Log}(c,S) \\ & + \alpha_5 \mathrm{Trigram}(c,S) + \alpha_6 \mathrm{Sim}(c,t) \end{aligned} \tag{4.4}$$

式中，$\mathrm{Sense}(c, t)$是候选词 c 和目标词 t 之间的词义距离；$\mathrm{Cooc}(c, S)$是句子 S 中的单词和候选词 c 的词共现之和；$\mathrm{Log}(c, S)$是 c 和 S 之间归一化后的词共现之和；$\mathrm{Trigram}(c, S)$是句子 S 中围绕 c(用 c 替换目标词 t)的三元组的频率和；$\mathrm{Sim}(c, t)$是 c 和 t 的分布式相似度。

可以发现，该度量融入了句法、词义等多个特征，可以认为是候选词选择和候选词排序的混合方法。读者可以在 Kajiwara 等[176]的工作中了解更详细的有关计算 Cooc、Log、Trigram 和 Sim 的过程。经过人工评估后发现该词语简化方法产生的结果很好，但尚未将其与其他 SR 策略进行比较。

4.3.2　自动规则

语言数据库是专家人工编辑的，只能覆盖一部分词语，更新速度也比较慢。相对于基于语言数据库的方法，基于自动规则的方法利用公开的平行语料提取复杂词的候选词。

1. Biran 等[166]所提方法

Biran 等所提方法是一种从维基百科语料和儿童维基百科中学习规则的方法，这里每个规则指的是{原词->简化词}。该方法认为维基百科和儿童维基百科中所有不同的单词对都可能是简化对。他们用 WordNet 对这些单词对进行过滤，去除词形变化和没有在 WordNet 中标记为同义词或上位词的单词对。

(1) 该方法采用的是隐式的复杂词识别，定义了词语简单性度量标准，放弃替代比目标词更复杂的候选词。使用单词的词频和长度来确定词的复杂度。具体计算方法如式(4.5)所示：

$$M(c) = \text{Comp}(c) \times \| c \| \tag{4.5}$$

式中，Comp(c)是候选词 c 的语料库复杂度；$\| c \|$是字符长度。语料库复杂度的计算如式(4.6)所示：

$$\text{Comp}(c) = \frac{F(c, \text{Complex})}{F(c, \text{Simple})} \tag{4.6}$$

式中，$F(c, \text{Complex})$是复杂语料库 Complex 中候选词 c 的原始频率。该公式要求复杂和简单语料库必须都包含复杂词语和简单词。他们使用维基百科(复杂)和儿童维基百科(简单)两个语料库分别表示复杂语料和简单语料。

该方法利用词的复杂度对规则进行进一步过滤，只保留规则左边词复杂度大于右边词复杂度的规则。针对剩下的规则，他们利用词语的不同形态对规则进行扩张。

(2) 利用发现的规则产生词语的候选词。

(3) 构建复杂词 w 的向量表示 CV_w 和对应句子的向量表示 $\text{SCV}_{s,w}$。针对每个词 w，创建 10 个词的窗口共现词向量，词向量的大小是词汇表的大小，向量中的每一维 i 对应的值 $\text{CV}_w[i]$是词 w_i 在 10 个词的窗口中出现的数目。$\text{SCV}_{s,w}$ 通过类似的方法构建，统计句子中围绕词 w 的窗口以内的词的数目。计算 CV_w 和 $\text{SCV}_{s,w}$ 之间的余弦距离，丢弃所有值小于 0.1 的候选词，这里的 0.1 是通过实验获得的阈值。

(4) 针对规则$\{w\text{->}c\}$中的每个候选词 c，构建一个公共上下文向量 $\text{CCV}_{w,c}$。$\text{CCV}_{w,c}$ 包含两个词共同的特征，其中特征值取两者中的最小值，即 $\text{CCV}_{w,c}[i]=\min(\text{CV}_w[i], \text{CV}_c[i])$。计算公共上下文向量和句子上下文向量的相似度，即 $\text{ContextSim}=\cos(\text{CCV}_{w,c}, \text{SCV}_{s,w})$。如果 ContextSim 的值大于指定阈值 0.01，使用该规则进行简化。如果多个规则都满足，则使用获取最大相似度值的规则。

2. Horn 等[148]所提方法

Horn 等所提方法是一种基于平行语料的词语简化方法。利用平行语料提取简化规则。利用 GIZA++方法[185]对匹配的句子进行词语对齐。对齐的词都是可能的候选规则。过滤掉满足以下条件的规则：①所带词性标签不同的单词对；②至少有一个词是专有名词或者是停用词的单词对。为了增加覆盖范围，他们将所有词语对转换为所有形态，进行规则的扩展。

(1) 该方法采用的是隐式的复杂词识别。该方法将目标词本身也放到候选替代词的集合中，换句话说，复杂词本身也变成了候选替代词。如果系统认为目标词本身是所有候选词中最简单的，那么就不进行替换。

(2) 从平行的维基百科语料库中提取复杂词与简单词的对应关系，将相应的简单词都作为候选词。

(3) 候选词排序采用的是基于线性支持向量机的排序方法[174]，成对地比较不同排序元素，让损失函数达到最小。使用的特征包括各种语料库的词频、上下文频率和 n 元文法语言模型概率。

3. SimplePPDB 方法[177]

Pavlick 等[177]提出了从 PPDB 提取子集 SimplePPDB 的分类方法。PPDB[186]是包含超过一亿个复述(paraphrases)规则的数据库。数据库中的复述规则是从各种语言的文本中自动提取的。每个复述规则都被自动分配从 1 到 5 的质量得分。文献[177]只给出了候选词的产生过程，即产生复杂词的候选词可以直接从 SimplePPDB[177]中的简化复述规则中提取。SimplePPDB 从 PPDB 数据库中提取的一个子语料库，包含大约 450 万个复杂到简单的英语单词及复述规则。

4. Kriz 等[178]所提方法

Kriz 等所提方法的主要工作是构建一个复杂词识别语料库，从而可以用一个分类器识别句子的复杂词。

(1) 为了采用分类的方法识别句子中的复杂词，该方法利用亚马逊的众包平台标注了一个训练语料库，这里使用的句子是从 Newsela 语料库中抽取的对齐句子。Newsela 语料库是为了满足不同年级儿童的需求，由专门的编辑人员重新撰写的新闻文章语料库。该语料库包含 1130 篇新闻文章，每篇文章为不同年级的孩子重写了 4 次，获得了四个简化版本。Xu 等[32]从这个语料库中提取了 141582 个对齐句子。实验过程中，采用支持向量机识别复杂词，使用的特征主要有长度、频率、音节数目、WordNet 中同义词组的数量和同义词的数目。

(2) 利用三个数据库(WordNet、PPDB 和 SimplePPDB)产生候选词。实验

证明，SimplePPDB 产生的候选词效果最好。

(3) 该方法也不执行候选词选择步骤。

(4) 通过测量候选词与复杂词和候选词与上下文的相似度对候选词进行排序，如式(4.7)所示：

$$\mathrm{AddCos}(c,t,C)=\frac{\cos(c,t)+\sum_{w\in C}\cos(c,w)}{|C|+1} \tag{4.7}$$

式中，c 和 t 分别为候选词和复杂词的词嵌入向量；C 为复杂词的上下文词的词嵌入向量集合。采用的上下文窗口为 1，即复杂词左右各取一个词。

4.3.3　词嵌入模型

基于词嵌入模型的方法利用预训练的词嵌入模型获取词的向量表示，然后利用余弦相似度寻找与复杂词最相似的词作为候选词。

1. Light-LS 方法[149]

Light-LS 方法不进行复杂词识别，逐个对所有的内容词(名词、形容词、动词和副词)都进行简化。Light-LS 方法是第一种利用词嵌入模型获取词语的候选词的方法。提取候选词候选后，采用多个特征对候选词排序，选择排序最高的词作为最优替代词。最后，通过对比最优替代词和原词在大语料中的词频来决定是否替换原词。考虑到替换词可能和原词不具有相同的词性标签，还需对替换词进行适当的形态变换。

(1) 该方法采用的是隐式的复杂词识别，仅在目标词的词频低于选择的替代词的词频时才能替换目标词。

(2) 利用词嵌入模型获取词语的向量表示，选择与目标词相似度最高的 10 个词作为候选词，这里相似度的计算方法选择的是余弦相似度，但候选词不包含目标词的形态变化词。

(3) 该方法不执行候选词选择步骤。

(4) 该方法提出了一种联合不同特征的基于排序的策略。首先，获取不同特征的排序结果，选择的特征有 n 元文法词频、语义相似度、上下文相似度和词语的信息容量。然后，通过对所有排序的名次求均值，获取每个单词的排名得分。最后，根据单词的得分进行排序，名次越高的单词越简单。这种方法在 SemEval 2012 词语简化任务[187]中进行评估，结果优于最初提交给该任务的所有系统。

2. LS-NNS 方法[160]

LS-NNS 方法在 Light-LS 方法的基础上进行改进。其最主要的创新点是使用了一种新的词嵌入模型提取候选词，该词嵌入模型是从含有词性标签的文本训练得到的。

(1) 该方法采用的是隐式的复杂词识别。

(2) 该方法不是使用通用的词向量模型，而是使用含有词性标签的文本训练上下文感知的词嵌入模型。该方法能够部分解决词义歧义问题，进一步提高了方法的性能。

(3) 该方法提出一种无监督的边界排序方法进行候选词的选择。利用 Robbins-Sturgeon 假设，声称一个词只能由其自身代替。创建目标词分配标签“1”和所有其他候选词分配“0”的训练数据去训练二分类的线性分类器。因为这些设计允许边界排序方法在任何无标准的语料上进行训练，所以该方法是无监督的方法。该方法采用以下几种特征训练排序方法。

5 元文法语言模型对数概率为：$s_{i-1}c$, cs_{i+1}, $s_{i-1}cs_{i+1}$, $s_{i-2}s_{i-1}c$ 和 $cs_{i+1}s_{i+2}$，其中，c 是候选词，i 是复杂词在句子 s 中的位置。该方法利用 SRILM 在 SubIMDB 语料库上训练 5 元文法语言模型。SubIMDB[160]是从有关儿童和家庭的 38102 个电影中提取字幕组成的语料库，总共包含的词汇数为 62504269。

计算复杂词和候选词的词嵌入余弦相似度。

基于复杂词词性的候选词的条件概率 $p(c|p_t)$，计算公式如式(4.8)所示：

$$p(c\mid p_t)=\frac{C(c,p_t)}{\sum_{p\in P}C(c,p)} \tag{4.8}$$

式中，p_t 为复杂词的词性；$C(c, p)$为训练语料中 c 被赋值为 p 的数目；P 为所有词性标签的集合。

最后，根据与分类“0”的样本之间的距离对候选词进行排序，从而选择一定数量的候选词。实验中采用随机梯度下降法对模型进行优化。

(4) 首先使用儿童和家庭的电影字幕语料库 SubIMDB 训练语言模型，然后根据候选词的 5 元文法频率(候选词左右各两个词)对候选词进行排序。只有候选词的 5 元文法频率大于复杂词的 5 元文法频率，才能用候选词替代复杂词。

4.3.4 混合模型

由于基于词向量的思路取得了不错的效果，还有一些方法将词嵌入模型与其他资源(如 WordNet 或并行语料库)相结合，达到进一步提高性能的效果。

1. NNLS 方法[161]

NNLS 方法在两个方面改进，一方面通过结合 Newsela 语料库和一个改进的上下文感知词语嵌入模型来提取候选替换，另一方面使用神经回归模型从注释数据中学习如何对候选词进行排序。

(1) 该方法采用的是隐式的复杂词识别。

(2) NNLS 方法首先采用 Horn 等[148]从平行语料库 Newsela 中提取的候选词。然后，使用 Faruqui 等[188]提出的算法对 LS-NNS 中的上下文感知词向量模型进行调整。为了使相似度大的词语能够更接近，可以利用人工创建的语言关系对已经训练好的上下文感知词向量模型进行调整，从而为每个目标词提供三个互补的候选词。使用的语义关系有同义词、上位词和下位词，都特别适合于词语简化任务。最后，将词嵌入模型产生复杂词的最相似的词作为候选词。

(3) 候选词选择采用和 LS-NNS 方法同样的方法。

(4) 候选词排序采用了一种有监督的神经网络排序模型决定候选词的排名。神经网络是一个多层感知器，通过接收一对候选词的一组特征作为输入，并输出它们之间的简单性差异，如图 4.2 所示。

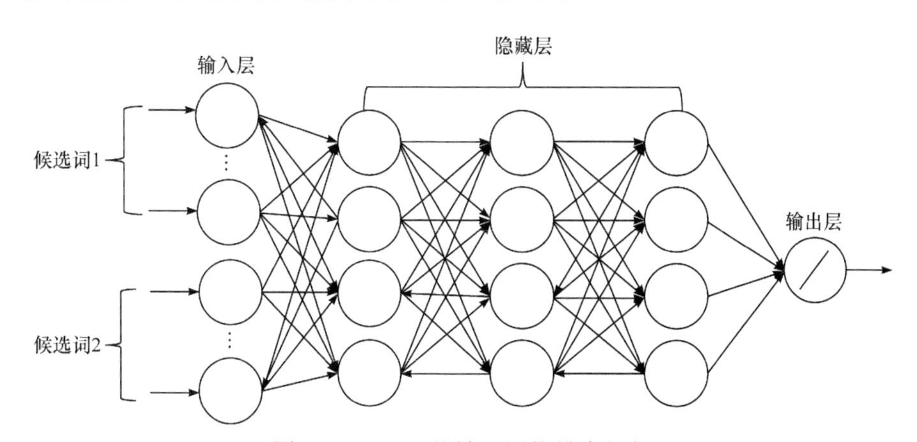

图 4.2 NNLS 的神经网络排序框架

如果输出值是负值，候选词 1 比候选词 2 简单。如果输出值是正值，候选词 2 比候选词 1 简单。该网络包含 3 层隐藏层，其中每层有 8 个节点。采用词语简化语料库 LexMturk[148]对神经网络排序模型进行训练，该语料库包含 500 个样例，其中每个样例由一个句子、一个复杂词和按照简化性排序的一组候选词集合组成。假设 c_1 和 c_2 是一个样例的一对候选词，r_1 和 r_2 是它们对应的排序，$\Phi(c_i)$是一个映射 c_i 到一组特征值的函数。对于每个样例中可能的候选词对，创建两个训练实例，其中一个是输入[$\Phi(c_1)$, $\Phi(c_2)$]和参考输出 r_1-r_2，另一个是输入[$\Phi(c_2)$, $\Phi(c_1)$]和参考输出 r_2-r_1。LS-NNS 方法使用的特征来自 SubIMDB 的 n 元文法特征。神经网络模型完成训练后，可以用于对候选词进行排序。假设 $M(c_i, c_j)$是候选词结合 C 中的一对候选词 c_i 和 c_j 的模型估计值。通过式(4.9)计算所有候选词的最终得分。最后基于 R 值对所有候选词进行排序，分值越低，候选词越简单。

$$R(c_i) = \sum_{c_j \neq c_i \in C} M(c_i, c_j) \tag{4.9}$$

2. REC-LS 方法[167]

REC-LS 方法首先利用基于序列标注任务的方法识别词的复杂度，并选择高复杂度的词语作为复杂词。然后，进行候选词生成、候选词过滤和候选词排序等步骤。选定最佳候选词后，根据条件判断是否替代原词。采用 REC-LS 方法简化一个词之后，会重新计算句子中词语的复杂度，继续选择高于阈值且复杂度最高的词作为复杂词，迭代执行直到句子中没有复杂词。

该方法的一个主要问题是更愿意使用原词，而不是替代词，很多情况下达不到简化的目的。

(1) 该方法使用的是基于神经序列标注模型的复杂词识别方法[165]。它采用二分类任务识别句子的复杂词。分类器使用的是神经序列标注模型，每个词语会得到一个 0～1 的概率值。一般情况下，词对应的概率值大于 0.5 被认为是复杂词。语料库使用的是 CWI 2018 语料库[189]。该语料库包含英语、德语和西班牙语三类语料库，其中英语包含专业新闻(News)、业余新闻(WikiNews)和维基百科文章(Wikipedia)三种文体。每个语料库又被分割为训练集、验证集和测试集，其中 News 的三个集合样本数为 6515、824、739，WikiNews 的三个集合样本数为 3978、476、507，Wikipedia 的三个集合样本数为 2903、369、413。语料库中的词被 10 个英语母语的和 10 个非英语母语的人士标注为复杂词或简单词。每一个样例包含了句子、目标词(短语)的位置、目标词被认定为复杂词的英语母语人士的人数和非英语母语人士的人数。

(2) 候选词的来源有三种路径：第一种是从 WordNet 中提取同义词；第二种是通过从 Big Huge Thesaurus①中查询词和词干来获取候选词；第三种是采用 Light-LS 方法，利用词嵌入模型获取候选词。

(3) 利用三个特征对候选词进行阈值过滤。第一个是上下文简单性。每个候选词的上下文简单性得分(candidate simplification, CS)通过步骤(1)中的概

① https://words.bighugelabs.com.

率值进行表示。第二个是上下文语义对等性。利用预训练语言模型 ELMo，它不同于上面提到的词嵌入模型，ELMo 获取词的向量表示是动态变化，即上下文信息不同，相同词的词向量不一样。这里首先利用 ELMo 获取复杂词的向量表示。然后用候选词替代句子中的复杂词，获取候选词的向量表示。最后采用余弦距离计算两个词的相似度得分 CG。第三个是语法性。利用大文本语料 COCA，计算二元文法(bigram)的频率，其中选择的是候选词和原来左边一个词(右边一个词)组成的二元文法。首先，移除左二元文法或者右二元文法频率为 0 的候选词。然后，利用上下文语义对等性，移除相似度低于给定阈值的候选词。实验中采用的阈值为 0.175。

(4) 根据上下文简单性和上下文语义对等性进行候选词排序。通过计算 CS 和 CG 之和，对候选词进行排序。

4.3.5 预训练语言模型

已有的词语简化方法只依靠复杂词本身而不考虑其上下文信息来生成候选替换词，这将不可避免地产生大量的虚假候选词。这里，提出两种基于 BERT 的词语简化方法。

BERT 使用 Transformer 的编码器来作为语言模型[82]，在语言模型预训练的时候，提出了两个新的目标任务(即 MLM 和预测下一个句子的任务)。第一个目标任务是在输入的词序列中，随机掩码上 15%的词，然后去预测掩码上的这些词。相比传统的语言模型，MLM 可以从任何方向去预测这些掩码上的词语，而不仅仅是单向的。为了让模型能够学习句子之间的关系，BERT 中的第二个目标任务就是预测下一个句子。如果掩码的是句子中的复杂词，则 MLM 的思想与候选词生成的思想是一致的。因此，很自然想到利用 BERT 进行候选词的生成任务。

1. Zhou 等[7]所提方法

(1) 该方法没有关注复杂词识别，可以采用已有的复杂词识别方法。

(2) Zhou 等[7]利用 dropout 的思想对目标词输入的词向量进行随机部分掩码(将词向量部分维度的值随机赋为 0)后，输入到 BERT 中，然后获取目标词对应位置的预测概率。在这种情况下，BERT 仅仅利用了复杂词的模糊信息，同时考虑了复杂词的上下文信息，最终产生复杂词的候选替代词集合。给定句子 $s=\{w_1,\cdots,w_i,\cdots,w_L\}$和复杂词 w_i，定义 $s_p(w_i'|s,i)$是选择 w_i' 替换 w_i 的概率：

$$s_p(w_i'|s,i)=\ln\frac{p(w_i'|s',i)}{1-p(w_i|s',i)}$$

式中，$p(w_i'|s',i)$ 为 BERT 预测 s 中第 i 个词的概率，s 中第 i 个词 w_i 的词向量被 dropout 后表示为 s'。分母是除了 w_i 之后的其他词的产生概率之和，用于对

$p(w_i' \mid s,i)$ 归一化。

(3) 该方法不执行候选词选择步骤。

(4) 结合上下文的候选词排序方法。为了验证候选词和复杂词上下文之间的连贯性，Zhou 等[7]提出了一种结合替换后句子 s' 和原来句子 s 相关性得分的计算公式对所有候选词进行排序：

$$s(w_i' \mid s,i) = \mathrm{Sim}(s,s';i) + \alpha \times s_p(w_i' \mid s,i)$$

式中，$\mathrm{Sim}(s,s';i)$ 为 s 和 s' 的 BERT 表示相似度，计算方法如下：

$$\mathrm{Sim}(s,s';i) = \sum_{k=1}^{L} a_{k,i} \times \cos(h(w_k \mid s), h(w_k' \mid s'))$$

其中，$h(w_k \mid s)$ 是句子 s 中第 k 个词的向量表示，取 BERT 最上面四层的向量表示的平均值；$\cos(x, y)$ 表示向量 x 和 y 的余弦相似度；$a_{k,i}$ 是第 k 个位置对第 i 个位置的所有层中所有头的平均自我注意力得分，用来验证每个位置与 w_i 的语义依存关系。

2. LSBert 方法[175]

Qiang 等[175]提出了一种基于预训练语言模型(BERT)的词语简化方法，即 LSBert 方法，该方法利用 BERT 进行候选替换词的生成和排序。LSBert 方法在候选词生成过程中，不仅不需要任何语义词典和平行语料，而且能够充分考虑复杂词本身和上下文信息产生候选替代词。在候选替代词排序过程中，LSBert 方法采用了五个高效的特征，除了常用的词频和词语之间的相似度特征之外，还利用了 BERT 的预测排序、基于 BERT 的上下文产生概率和复述数据库 PPDB 这三个新特征。基于 BERT 的词语简化方法框架如图 4.3 所示。

(1) LSBert 方法的第一步利用基于序列标注任务的方法识别词的复杂度，并选择高复杂度的词语作为复杂词。然后，进行候选词生成和候选词排序步骤。选定最佳候选词后，根据条件判断是否替代原词。LSBert 方法简化一个词之后，会重新计算句子中词语的复杂度，继续选择高于阈值且复杂度最高的词作为复杂词，迭代执行直到句子中没有复杂词。

(2) 给定一个句子 S 和复杂词 w，候选替换词生成步骤的目的是为词语 w 产生符合上下文的候选替换词。

对句子 S 中目标复杂词 w 掩码之后输入到 BERT 的 MLM 进行预测，则 BERT 在预测时仅仅从上下文中获取信息，而没有考虑到目标词本身的词义。如果不掩盖目标复杂词，则 BERT 会获得原词信息，进而在预测中极大概率出现原词，使得系统无法获得更理想的候选词。

BERT 模型擅长处理句子对形式的数据，主要因为其中的一个优化目标 NSP。在 LSBert 方法中，首先将句子 S 中的目标复杂词 w 进行掩盖后作为句子 S_1，然后随机掩盖 S 一定比例的单词(移除复杂词 w)后作为句子 S_2，将 S_2 与 S_1 通过[CLS]和[SEP]符号进行串联，输入 BERT 获取目标复杂词掩码位置的单词概率分布 $p(\cdot|S_2,S_1\backslash\{w\})$。考虑到 S_2 中已经包含了复杂词的上下文信息，这里对 S_1 进行一定比例的掩盖，主要目的是降低上下文信息的双重影响。使用这样的方法，不仅能够获得目标词的上下文信息，而且能够获得复杂词本身的词义信息，从而提高生成候选词的质量。最后，从概率分布中选择前 10 个词作为候选词，并剔除 w 及其形态衍生词。

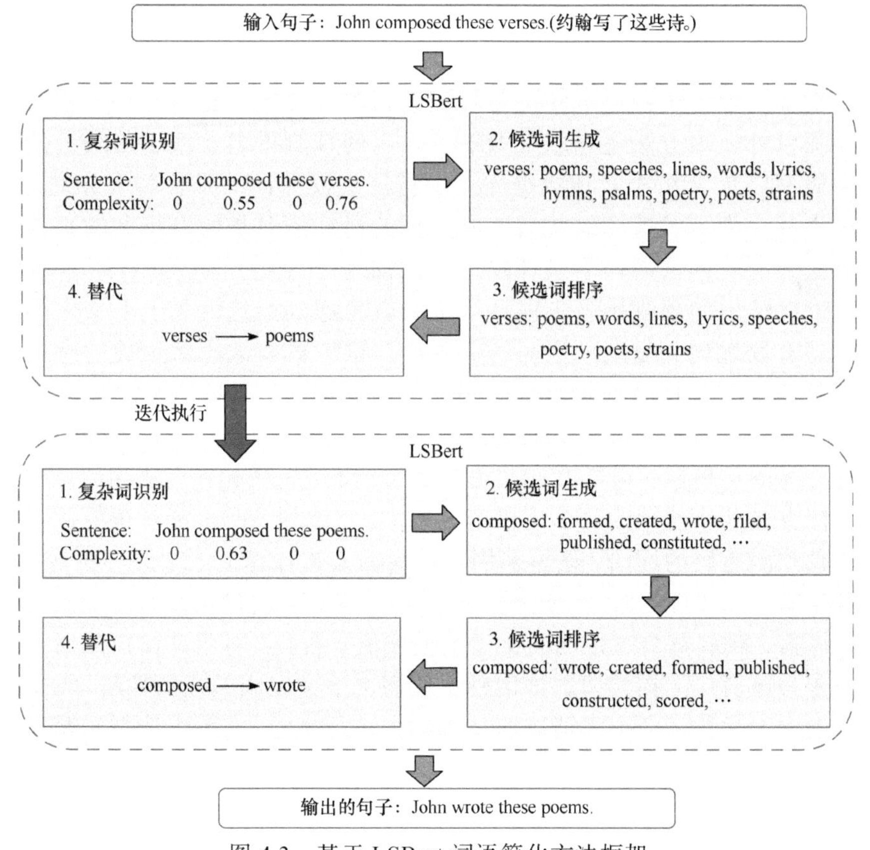

图 4.3 基于 LSBert 词语简化方法框架

如图 4.4 所示，在句子“the cat perched on the mat.”(猫栖息在垫子上)中，目标复杂词为“perched(栖息)”，使用 LSBert 可以得到排名前三的候选词“sat(坐)，hopped(跳)，landed(落)”。如果采用现有的最先进的基于词嵌入的方法提出的词嵌入方法，前三个替换词是“atop(在…上)，overlooking(俯瞰)，precariously(摇摇晃晃地)”。很容易发现，LSBert 方法生成的候选词质量更高。

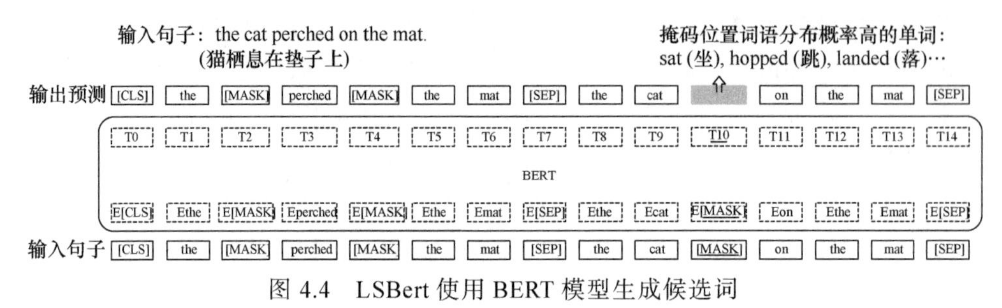

图 4.4　LSBert 使用 BERT 模型生成候选词

(3) 该方法不执行候选词选择步骤。

(4) 候选词排序的目的是选择最简单且最符合语境的替代词作为替换词。这里选用了多个特征对候选替代词进行排序，除了常用的词义相似度和词频特征以外，该方法还选用了 BERT 输出的预测排名、基于 BERT 的上下文产生概率以及 PPDB 复述数据库三个特征。候选词的排名名次分别是从 1 到 n，其中 n 表示候选词的数目。候选词的最终排名是所有排名的平均值，选择名次最高的候选词作为最佳候选替代词。

BERT 输出的预测排名：该特征本身就考虑到候选词和上下文之间的连贯性，还有候选词和复杂词之间的关联性；根据概率大小对生成的有效候选词进行排名，概率越高则说明生成的候选词与句子的关联度越高。

基于 BERT 的上下文产生概率：该特征主要是验证候选替代词与原有上下文信息之间的连贯性。由于 BERT 是利用 MLM 进行优化，无法和传统的语言模型一样直接计算连续的几个词语产生概率。考虑到 BERT 能够很好地利用上下文信息预测掩码的词语，这里采用一种新的方式计算上下文的产生概率。首先，用候选替代词替换原词，选择一个上下文窗口。通过从前向后依次对每个词进行掩盖，获取每个掩盖词的交叉熵损失值。然后，对整个窗口的所有词求平均值作为该窗口的损失值，该值越小代表上下文之间的连贯性越好。最后，对所有的候选替代词的损失值按照从小到大进行排序。实验中选择的窗口大小为 11，即原词左右各 5 个词语。

词义相似度：该特征是考量候选替代词和原词之间的相似度。一般情况下，相似度越高表示关联度越大。这里，获取词语的向量表示选用了预训练词向量模型 fastText。通过计算复杂词词向量与候选替代词词向量的余弦相似度对候选替代词进行排名。

词频：词语在大文本语料中的频率是判断词语难易程度简化最常用的方法之一。该方法使用 SUBTLEX 的 Zipf 值作为单词的词频特征，该分值越高排名越高。SUBTLEX 从美国英语电影字幕中提取，在第 2 章有详细的介绍。Zipf 值为 1～7，1～3 表示低频词 (频率为 1/100 万字及以下)，4～7 表示高频词(频率为 10/100 万字及以上)。

PPDB 特征：PPDB 中包含超过 1 亿个英文单词或短语对，这些词组对的提取使用了一种二语旋转技术，即假设两个英语短语翻译成相同的外文短语具有相同的意义。一些词语简化方法使用 PPDB 或其子集 SimplePPDB 中包含的简化规则生成候选词。由于 LSBert 方法在候选词生成过程中比 PPDB 和 SimplePPDB 表现更好，考虑到 PPDB 中包含有效的简化规则，该方法首次尝试使用 PPDB 提供的简化规则对候选词进行排序。假设上一步产生 n 个候选词，正常情况下获取的排名是从 1 到 n。采用一种非常简单的策略：如果生成的候选替代词和复杂词组成的规则存在于 PPDB 中，则将该候选词对应的排名值设置为 1；否则，将该词对应的排名值置为候选词数目的 1/3。这里设置“1/3”的主要原因是不想把不在 PPDB 中的候选词与在 PPDB 中的候选词的排名拉开太大。如果这两种情况下候选词的排名拉开太大，就会使得其他排序特征的影响力降低。如果这两种情况排名差别很小，该特征的影响就会降低。在实验过程中，该方法选择的候选词数目是 10，对在 PPDB 中的候选词，给出的排名是 1；对不在 PPDB 中的候选词，给出的排名是 3。在未来的工作中，将专注于研究如何更高效地进行 PPDB 候选词的排序，如利用 PPDB 中提供的已有值。

LSBert 方法的执行过程如算法 4.1 和算法 4.2 所示。在算法 4.1 中，LSBert 需要输入简化句子 S 和词语复杂度阈值 t，实验中复杂度阈值设置为 0.5。利用命名实体方法识别句子的命名实体(步骤 1)，并加入到无需简化列表(ignore_list)中(步骤 2)。

在算法 4.2 中，利用复杂词识别(CWI)步骤识别句子 S 中所有的复杂词，并排除 ignore_list 中的词语(步骤 1)。如果句子中复杂词的数目大于 0(步骤 2)，LSBert 将尝试简化最高复杂度的词语 w(步骤 3)。接着，LSBert 依次调用候选词生成(步骤 4)和候选词排序(步骤 5)。LSBert 从候选词排序的结果中选择排名最靠前的词语作为最佳替代词(步骤 6)。最后，对目标复杂词与最佳候选替代词进行基于简单性的比较，判断是选择替代词还是保留原词(步骤 7～步骤 9)。如果最佳候选替代词的词频高于目标复杂词(词频特征)，或者最佳候选替代词的损失低于目标复杂词(基于 BERT 的上下文产生概率)，则选择最佳候选替代词作为替代词，否则不进行替代。这里选用词频特征和基于 BERT 的上下文产生概率特征，主要因为词频特征代表着词语的简单性，上下文产生概率特征代表着句子的流畅性。完成一个词的简化后，将迭代调用 LSBert 方法(步骤 10 和步骤 11)。如果句子 S 中复杂词数目等于 0，将停止迭代 LSBert 和输出句子 S(步骤 13)。

算法 4.1 词语简化框架

输入: 简化句子 S，词语复杂度阈值 t

```
1:  ignore_list ← Named_Entity_Identification(S);
2:  LSBert(S, t, ignore_list)
```

算法 4.2 LSBert(S, t, ignore_list)

```
1:  complex_words ← CWI(S, t) – ignore_list;
2:  if Number(complex_words)>0 then
3:       w ← Head(complex_words)
4:       subs ← Candidate_Generation(S, w)
5:       subs ← Candidate_Ranking(subs)
6:       top ← Head(subs)
7:       if freq(best)>freq(w) or lang_loss(best)<lang_loss(w) do
8:             Replace(S, w, top)
9:             ignore_list.add(w)
10:            LSBert(S, t, ignore_list)
11:      else  LSBert(S, t, ignore_list)
12:      end if
13:  else  return S
14:  end if
```

4.4 方法对比

本节将对上面介绍的多种方法进行对比分析。

4.4.1 实验评估数据

(1) LexMTurk[148]：从维基百科中选出 500 个英语实例。每个实例由句子、目标词和候选词组成，候选词是利用 AMT 众包平台标注完成的。由于标注是由英语为母语的人士进行的，语料库整体的简化率非常高。唯一的不足是有部分标注存在拼写错误。

(2) BenchLS：由 929 个英语实例组成，由 LSeval 和 LexMTurk 两个语料库结合而成，因此它包含最多的目标词。LSeval 包含 429 个实例，46 位“turker”和 9 名博士为 SemEval 2007 词汇替换任务的语料库制作的简单性排序。创建 LSeval 时使用密集注释过程，确保标注的简化词比目标词简单。该语料库也存在一些拼写错误。

(3) NNSeval[156]：由 239 个英语实例组成。该语料库是 BenchLS 的删减版，利用母语非英语人士进行以下两种过滤：过滤实例 (目标复杂词被认为不是复杂词)；过滤替代词(候选词被认为是复杂词)。相对其他语料库，NNSeval 更准确地满足了母语非英语的人士。因为使用了过滤技术，目标复杂词的数量和候选替代词的覆盖范围都比其他语料库小。

为了更好地对比，针对单个句子的目标词掩码后作为输入的方法，称为 Bert。

4.4.2　候选替代词生成评估

假设测试集合有 m 个样例，其中第 i 个样例对应的复杂词为 w_i，人工标注的替代词集合为 p_i，算法产生的候选替代词集合为 q_i，用$\#(p_i)$和$\#(q_i)$分别表示 p_i 和 q_i 集合中词的数目。

候选替代词的生成通常使用以下三个指标进行评估。

(1) 精确率：生成的候选替代词中属于人工标注的词占候选替代词总数目的比例，即

$$\text{Precision} = \frac{\sum_{i=1}^{m} \#(p_i \cap q_i)}{\sum_{i=1}^{m} \#(q_i)}$$

式中，$p_i \cap q_i$ 表示两个集合中共同的词语集合。

(2) 召回率：生成的候选替代词中属于人工标注的词占所有人工标注替代词总数目的比例，即

$$\text{Recall} = \frac{\sum_{i=1}^{m} \#(p_i \cap q_i)}{\sum_{i=1}^{m} \#(p_i)}$$

(3) F 值：精确率和召回率的调和平均值。

表 4.2 中列出了代表性的词语简化的候选词生成的实验结果。其中也给出了直接采用 BERT 进行候选词生成的实验结果。具体做法是对复杂词进行掩码。从表 4.2 中可以看出，基于预训练语言模型的词语简化方法取得了最好的结果。LSBert 在每个语料库上都取得了最大的 F 值。对比 LSBert 和 BERT 方法的结果，LSBert 取得了更好的效果，因为 BERT 在生成候选词时只考虑了句子的上下文信息而没有考虑目标复杂词的词义，很多与目标复杂词词义

差异很大的词会被作为候选词。

表 4.2　候选词生成过程评估结果

方法	LexMTurk			BenchLS			NNSeval		
	精确率	召回率	*F* 值	精确率	召回率	*F* 值	精确率	召回率	*F* 值
Kajiwara 等所提方法	0.056	0.079	0.065	0.032	0.087	0.047	0.026	0.061	0.037
Biran 等所提方法	0.153	0.098	0.119	0.130	0.144	0.136	0.084	0.079	0.081
Devlin 等所提方法	0.164	0.092	0.118	0.133	0.153	0.143	0.092	0.093	0.092
Horn 等所提方法	0.153	0.134	0.143	0.235	0.131	0.168	0.134	0.088	0.106
Light-LS 方法	0.151	0.122	0.135	0.142	0.191	0.163	0.105	0.141	0.121
LS-NNS 方法	0.177	0.140	0.156	0.180	0.252	0.210	0.118	0.161	0.136
NNLS 方法	**0.310**	0.142	0.195	**0.270**	0.209	0.236	0.186	0.136	0.157
REC-LS 方法	0.151	0.154	0.152	0.129	0.246	0.170	0.103	0.155	0.124
BERT 方法	0.254	0.197	0.221	0.176	0.239	0.203	0.138	0.185	0.158
Zhou 等所提方法	0.255	0.198	0.223	0.204	0.277	0.235	0.153	0.204	0.175
LSBert 方法	0.306	**0.238**	**0.268**	0.244	**0.331**	**0.281**	**0.194**	**0.260**	**0.222**

注：粗体表示最好的结果。

4.4.3　完整的 LS 系统评估

对 LS 系统进行评估，使用与候选词生成过程同样的语料库。假设测试集有 m 个样例，其中第 i 个样例对应的复杂词为 w_i，人工标注的替代词集合为 p_i，算法最后产生的替代词为 t_i。通常采用的评估指标有以下两个。

(1) 精确率：所有样本中最终选择的替代词是目标词或属于人工标注词中的比率，即

$$\text{Precision}=\frac{\sum_{i=1}^{m}(1_{(t_i==w_i)} \| 1_{(t_i\in p_i)})}{m}$$

其中，当 t_i 等于 w_i 时，$1_{(t_i==w_i)}$ 为 1，否则为 0；当 t_i 属于 p_i 集合时 $1_{(t_i\in p_i)}$ 为 1，否则为 0。

(2) 准确率：所有样本中最终替代词不是目标词但在人工标注中的比率，即

$$\text{Accuracy}=\frac{\sum_{i=1}^{m}1_{(t_i\in p_i)}}{m}$$

从以上两个指标可以看出，如果不进行简化则精确率为 1，准确率为 0。如果复杂词全部采用候选词进行替换，则精确率和准确率具有相同的值。

表 4.3 显示了各个简化系统的评估结果。LSBert 方法在所有语料库上都获得了最高的准确率，相较于 NNLS 方法，分别提升了 17.2%、41.9%和 30.1%的性能。REC-LS 方法取得了较高的精确率和较低的准确率，这是因为该方法在大部分简化中使用原词作为最佳替换词，并没有实现有效的简化。

表 4.3 整个简化系统评估结果

方法	LexMTurk		BenchLS		NNSeval	
	精确率	准确率	精确率	准确率	精确率	准确率
Kajiwara 等所提方法	0.066	0.066	0.044	0.041	0.444	0.025
Biran 等所提方法	0.714	0.034	0.124	0.123	0.121	0.121
Devlin 等所提方法	0.368	0.366	0.309	0.307	0.335	0.117
LS-NNS 方法	0.578	0.396	0.423	0.423	0.297	0.297
Horn 等所提方法	0.761	0.663	0.546	0.341	0.364	0.172
Light-LS 方法	0.710	0.682	0.480	0.252	0.456	0.197
NNLS 方法	0.676	0.676	0.642	0.434	0.544	0.335
REC-LS 方法	0.784	0.256	**0.734**	0.335	**0.665**	0.218
BERT 方法	0.694	0.652	0.495	0.461	0.314	**0.285**
LSBert 方法	**0.864**	**0.792**	0.697	**0.616**	0.526	**0.436**

注：粗体表示最好的结果。

4.4.4 讨论

下面将从候选词生成、候选词选择和候选词排序三个步骤，分别讨论现有方法之间的关系与区别。

1. 候选词生成

基于语言数据库的方法的优点是方法简单、容易理解，也很容易部署到其他语言中，例如，WordNet 支持超过 70 种语言。除了构建语言数据库需要强大的人力和财力外，语言数据库有着明显的对词语覆盖性不足的问题，更新的速度满足不了语言发展的要求。因此，基于语言数据库的候选词提取，性能往往不是很高。由于语言数据库都是人工标注，数据质量较高，现在也通常作为产生候选词的一些辅助手段。

基于自动规则的方法优点是不依赖人工标注的语言数据库，但是严重依赖提取规则的平行语料的质量。理论上如果平行语料足够大，该方法能够解决语言数据库覆盖率问题，但也带来了其他问题。由于提取的简化规则数量太大，如 PPDB 有上亿条规则，直接导致产生太多候选词，给词语简化后的候选词选择和候选词排序步骤带来了许多问题。

基于词嵌入模型的方法也不存在覆盖率问题。因为只需要有无标注的大量文本语料，该方法也很容易部署到其他语言中。在词嵌入模型中，不仅相似的词语具有很高的相似度，而且高度关联的词语和意思相反的词语都有着很高的相似度，这往往也造成了产生很多不正确的候选词。

基于混合模型的方法就是利用词嵌入模型方法与其他方法相结合产生候选词，继续扩展候选词产生的规模。具体候选词是否能够满足要求，都交给后续的步骤进行处理，这也给后面的步骤带来许多问题。

基于预训练语言模型(BERT)的方法最主要的优点是在候选词产生的过程中利用了复杂词的上下文信息，因此可以大大缩减无关的候选词。而以上四种方法在候选词产生过程只考虑了复杂词本身，考虑复杂词的上下文信息都交给了后面的步骤。得益于 BERT 模型的强大能力，基于 BERT 的方法不需要候选词选择步骤，也不需要考虑候选词和原来复杂词的形态变化。另外，由于 BERT 无需任务标注语料就能完成训练，基于 BERT 的词语简化方法能很容易地部署到其他语言中。该类方法目前存在的不足是只能处理一个词的简化，不能处理短语的简化。

2. 候选词选择

候选词选择用来对候选词生成的词语进行过滤，主要因为候选词生成步骤生成的候选词太多。最近的词语简化模型，在候选词生成过程中考虑了上下文信息，能够大大减少候选词的数目，该步骤就不是十分必要了。因为候选词选择和候选词排序步骤关系密切，候选词排序也是间接地把排名较低的候选词过滤掉。例如，基于 BERT 的方法在候选词产生的过程中就已经利用了上下文信息，不需要再进行候选词选择。已有候选词选择的方法主要利用词性标签过滤、WSD 的方法和语义相似度过滤。对比已有的方法，根据结果，LS-NNS 中采用机器学习的方法是所有候选词选择中表现最好的，而经典的 WSD 方法在这项任务中表现不佳。

3. 候选词排序

已有的候选词排序方法主要从词语的简单性、上下文的连贯性、候选词与复杂词的相似度等几个方面考虑，其中度量上下文连贯性的方法有 n 元文法语言模型和神经网络语言模型等，相似度计算采用的词语表示模型有过去的词共现和现在的利用预训练语言模型获取的词向量等。目前，效果最好的仍然是联合多个特征对候选词进行排序。

4.5　未来研究方向

目前，词语简化已经成为自然语言处理领域的研究热点，下面将介绍该领域未来可能的发展方向。

1. 预训练语言模型的词语简化方法研究

目前，相对于先前的方法，利用预训练语言模型 BERT 的词语简化方法取得了最好的效果，这主要归功于 BERT 进行候选词生成过程中考虑了词语上下文信息，大大提高了生成候选词的准确率，也给后续步骤的处理减少了很多干扰。基于 BERT 的方法对词语简化问题提供了很好的研究思路，但仍有许多问题需要解决。首先，不仅可以利用 BERT 进行候选词生成，还可以利用 BERT 进行复杂词识别，比如可以尝试采用基于 BERT 的序列标注方法进行复杂词识别。其次，现在的基于 BERT 的方法都是直接进行候选词生成，没有对 BERT 模型进行微调(fine-tuning)。对 BERT 进行微调后，再进行候选词生成，可能会有更好的结果。很多 BERT 的改进版本也都相应被提出，这些方法对词语简化的效果如何，也有待于研究。

2. 大规模词语简化平行语料的自动构建

许多与词语简化任务相类似的任务，如语法错误校验，它们的共同点都是对句子中的某些词进行替换。语法错误校验由于更易获取大规模的平行句子对语料，利用神经网络模型已经取得了超过 90%的准确率，这里的平行句子对指一个正确的句子和一个错误的句子组合的句子对。研究最多的英文词语简化方法现在更多采用无监督的方法，整体性能还达不到满意的效果。如果能够自动构建大规模的词语简化平行语料，必能提升词语简化模型的性能。

3. 词语简化的应用研究

词语简化方法可以应用于文本简化、机器翻译、复述生成(paraphrase generation)和文本摘要。随着词语简化方法性能的提升，词语简化方法的应用也是一个很好的发展方向。例如，对于英文句子“John composed these verses”，采用谷歌翻译的结果为“约翰写了这些经文”，而正确的翻译结果应该是“约翰写了这些诗”。但是，采用基于 BERT 的词语简化方法[36]能够把这个英文句子简化为“John wrote these poems”，这时候再采用谷歌翻译，得到的翻译结果为“约翰写了这些诗”。从这个例子可以看出，应用词语简化作为一个预处理步骤，可以用于很多自然处理任务，能够进一步提高方法性能。

4.6　本 章 小 结

本章对近 20 年来词语简化方法进行了综述。随着科技的快速发展和人们生活水平越来越高，人们越来越关注特殊人群的阅读需求。例如，国外很多人关注文本简化的研究，文本简化可以辅助阅读缺陷人士和非母语人士进行阅读[190]。词语简化是文本简化的重要组成部分，也成为研究的热点，涉及计算机科学、语言学、教育学和心理学等多个学科。从最初的基于语言数据库的方法，到近期的预训练语言模型的建立，自然语言处理技术的进步为词语简化提供了多种思路和方法。

本章详细地介绍了词语简化的各个步骤及相对应的常用方法，包括复杂词识别、候选词生成、候选词选择和候选词排序，并对比了现有的各种方法及结果分析，还给出了现有工作中使用最广泛的语料库和语义资源。词语简化未来的路还很长，还有很多方面需要探索。

第 5 章　句子分割方法

句子简化方法将一个包含句法现象的长句子(这些长句子可能会妨碍某些人阅读)转化为多个较简单的短句(这些简单的短句不包含复杂的句法现象)。根据采用的技术不同，现有的方法大致可以分为基于规则的方法和基于神经网络模型的方法。基于规则的方法一般利用的是人工标注规则，这些规则一般由语言学专家进行标注。但是这些方法的性能受限于规则的覆盖能力。如果一个解析器或分词器在分析一个输入句子时准确性出现了偏差，那么这些基于规则的方法也将表现不佳。相对于基于规则的方法，基于神经网络模型的方法不需要人工定义规则，只需要有大量的平行语料，大大简化了对语言学知识的要求。本章首先介绍基于规则的方法，然后介绍基于神经网络模型的方法。

5.1　概　　述

基于规则的方法是文本简化最早研究的一类方法，最早是由 Chandrasekar 等[2]研究的，利用一组人工制定的规则检测可能出现的分割位置，如关系代词或连词。Siddharthan[191]提出了一个包含四个步骤的简化系统，该系统从原句子中提取各种短句和短语成分，并使用一组基于浅层句法特征的手写语法规则将它们转换为独立句子。之后，Siddharthan 等[3]提出了一个混合的文本简化系统 RegenT，该系统使用了在解析树结构上定义的 136 个手写语法规则，可处理 7 种类型的语言结构，此外，还使用了一组更大的自动获取的词语简化规则。Ferrés 等[4]采用了一种类似的基于规则的简化系统，称其为 YATS。YATS 依赖词性标记和句法解析信息来简化一组相似的语言结构，总共使用了 76 个手工构建的转换规则。这两种基于规则的句子简化方法主要针对诵读困难的读者群体，如患有诵读困难、失语症或耳聋的人。根据 Siddharthan 等[3]的研究，这些工作最显著的优势是可以将含有短句结构的长句分开。因此，简化短句成分是这类简化系统的主要研究方向。在公开的 WikiLarge 语料库上进行评估，RegenT 和 YATS 分别获得的 SARI 得分为 32.41 和 33.03。在 Newsela 语料库上，RegenT 和 YATS 分别获得的 SARI 得分为 32.83 和 36.88。

最近几年，利用更少规则句子的简化方法被提出。Štajner 等[192]提出了以事件为中心的方法，使用一组更少的 11 条手写规则。该方法利用从文本中提取的事件，删除一些不包含任何事件的片段，并利用手写规则对剩下的内容进行重组。最后，利用无监督词语简化方法[149]对生成的简化句子进行词语简化。先前大多数词语简化方法只能把句子分割成两个句子。最近，Niklaus 等[5]提出了一种迭代的分割和重述复杂英文句子的方法。通过他们手工制定的 35 个英文规则，输入语句递归地转换为两层的层次表示，其形式为核心语句和通过修辞关系连接的上下文。在 WikiLarge 和 Newsela 语料库进行评估，SARI 得分分别为 35.05 和 49.00，BLEU 得分分别为 63.03 和 14.54。

考虑到基于规则的方法灵活性受限，数据驱动的基于神经网络模型的方法[15]受到了关注。基于神经网络模型的方法的性能依赖标注语料的规模和质量。标注语料由一个复杂句和对应的一个或者多个简单句组成。类似于机器翻译任务，该类任务也属于句子生成任务，最常用的也是 Seq2Seq 模型[44]。Guo 等[193]在基于 Seq2Seq 模型中引入了事实判定的辅助任务，使得模型能够从复杂长句中更好地捕获事实信息，从而提高句子切分的准确率。Gao 等[194]提出了一个新的句子分割任务，将每一个复句分解成由源中的时态从句派生出的简单句。他们还提出了一种融合句法分析和神经网络模型的句子分割方法。该方法相对于 Seq2Seq 模型有着更好的性能。该类方法虽然不需要手工编写规则，但是高度依赖标注的平行语料库。现有的平行语料库规模都不是很大，未来可能需要更大规模的平行语料库。

5.2 基于规则的方法

基于规则的方法利用句法解析获取句子中词语之间的依存关系，然后利用提前设定的分割规则进行句子分割。效果比较好的句子分割方法，一般都是由人工手动进行标注的。这些规则都是基于不同的语句类型分割进行设定的，如关系从句、同位结构、并列结构等。

一些自主学习句子分割规则的方法也被提出过[26,195]。给定平行的简化语料库，对每一对句子进行句法解析，该类方法先从解析后的句法依赖树中学习简化规则；然后，给定一个输入语句，生成所有可能的简化，并基于语法约束选择“最佳”的简化。由于这类方法对平行语料要求太高，现在已经很少使用。

5.2.1　早期的方法

Chandrasekar 等[2]最先提出了句子简化这一概念，提出了一种基于规则的方法对句子进行转换，以便自动句法分析器、机器翻译系统、摘要和信息获取系统等能够正确地对句子进行分析。他们的方法是专门针对一些句法结构进行设计的，如关系从句和同位结构，为后来基于规则的简化方法提供了基础。处理关系从句结构的规则示例如下：

$$X:\mathrm{NP},\,\mathrm{RelPron}\,Y,\,Z. \rightarrow X:\mathrm{NP}\,Z.\,X:\mathrm{NP}\,Y.$$

该规则的解释如下：如果一个句子的开始是一个名词短语(X:NP)，后面跟着一个关系代词的短语，形式为(,RelPron Y,)，再跟着一些(Z)。这里，Y 和 Z 可以是任意序列的词语。然后，该句子可以被简化为两个句子，即序列(X)后接(Z)和(X)后接(Y)。

该规则可以将(1)转换为(2)：

(1) Lebron James, who is a player of Lakers, was a player of Heat.
(勒布朗 · 詹姆斯是湖人队的一名球员，曾经是热火队的一名球员。)

(2) Lebron James was a player of Heat. Lebron James is a player of Lakers.
(勒布朗 · 詹姆斯曾经是热火队的一名球员。勒布朗 · 詹姆斯是湖人队的一名球员。)

通过匹配规则左侧的变量，如下所示：X = “Lebron James”，Y = “is a player of Lakers”，Z = “was a player of Heat”，并用规则右侧的模式改写句子。

Siddharthan[191]认为盲目地应用一些简化规则会损害文本的衔接性，不能保证输出的句子更简单，只能保证输出的句子有更简单的句法。这里给出原论文中的一个例子，其中包含连接词和关系从句的句子(1)被转换成三个较简单的句子(2a)、(2b)和(2c)的序列。

(1) Mr. Anthony, who runs an employment agency, decries program trading, but he isn’t sure it should be strictly regulated.
(经营一家职业介绍所的 Anthony 谴责程序交易，但他不确定是否应该严格监管它。)

(2a) Mr. Anthony decries program trading. (Anthony 谴责程序交易。)

(2b) Mr. Anthony runs an employment agency. (Anthony 经营一家职业介绍所。)

(2c) But he isn’t sure it should be strictly regulated. (但他不确定是否应该严格监管。)

从这个简化的结果可以看出，该方法的这种转换严重影响了语篇的衔接性，反对性从句(2c)与句子(2b)关联在一起了，而其应该与句子(2a)关联在一起。更糟糕的是，代词“it”也可能被误解为指“employment agency”(职业介绍所)。

为了解决这些问题，Siddharthan 提出了一个由解析、转换和再生组成的三阶段框架结构[196]。在框架结构的实际实现中，句法解析只能完成表面的一些词性标注任务(名词和动词标注)，因为当时的解析器功能不完善，当处理复杂任务时会产生超时问题。转换模型的主要作用是负责识别句法模式和执行转换，若有需要，还可以调用再生模块。大多数情况下，不需要再生模块。当需要保持文本的衔接性时，才会调用再生模块。再生模块负责处理连接衔接(这是在转换过程中完成的)和回指衔接。

在该框架中，转换模型只处理句子层面的句法转换，所有语篇层面的决策都是来自再生模块。虽然句子顺序是一个再生问题(关系到文本的衔接性)，但个别转换规则会对转换句子的顺序进行约束。这使得简化规则的应用顺序取决于先前简化所产生的句子顺序。利用上述方法，对句子(1)进行简化，得到的简化结果如下。

(3a) Mr. Anthony runs an employment agency. (Anthony 经营一家职业介绍所。)

(3b) Mr. Anthony decries program trading. (Anthony 谴责程序交易。)

(3c) But he isn’t sure it should be strictly regulated. (但他不确定是否应该严格监管。)

5.2.2　YATS

Saggion 等[197]和 Ferrés 等[4,198]都提出了基于语言学的英语句法简化系统。这些系统都是基于一组规则对基于依赖关系的解析器的输出执行模式匹配，并由一组重写程序负责生成实际的简化。该系统所针对的句法现象与先前研究中被认为导致阅读和理解障碍的句法现象[196]是一致的。

YATS 简化系统[4]的句法简化由两个阶段组成：文本分析和句子生成。文本分析阶段采用了三个主要工具识别复杂的句法结构。①GATE-ANNIE 系统[199]：用于词语简化，执行分词、句子分割和命名实体识别；②MATE 依赖解析器[200]：获取句子的依存关系；③用 JAPE(Java Annotation Pattern Engine)实现的一套语法[201]：检测和标记句子中出现的不同类型的句法现象。

通过迭代对维基百科中的句子进行依存解析，手动地获取 JAPE 规则。这一过程产生了一套能够识别和分析句子中出现的各种句法现象的规则。这些规则依赖依存树，其中依存树允许使用少量手工编制的规则对常见的语法简化进行广泛的覆盖。考虑到句子结构的复杂性，仅对匹配的元素执行模式匹配和匹配元素的注释是不够的，与实例化模式匹配的不同注释必须正确地进行注释并相互关联。系统中处理的每个句法现象都有一个专用语法(一组规则)。完整的规则体系包括：1 条同位结构规则、17 条关系分句识别规则、10 条句子与动词短语的并列规则、4 条关系结构的规则、8 条从属(让步、原因等)规则、12 条状语分句规则，以及 14 条被动句规则。该系统会通过迭代简化句子，直到没有简化规则可以使用。

句子生成阶段使用分析阶段提供的信息，产生简化的句子结构。系统中处理的每个句法现象都有一个专门的语法，即一组规则。这些规则执行常见的简化操作，即句子拆分、词语或短语的重新排序、词语替换、动词时态调整、人称代词转换以及一些词语的大小写。

Falke 等[202]还进行了实验，对上面提出的简化规则(同位语、关系从句、并列句、从属句、被动句)进行评估。对于系统中考虑的每一种句法现象，使用 100 个以前未见过的句子实例进行评估。评估指标有语法被激发的次数、语法产生正确解释的次数、语法产生错误解释的次数、语法在句子中出现却未激发的次数。表 5.1 给出了评估结果。尽管评估是在一个主观场景中进行的，但是每个语法都是在已知有语法应该处理的现象的句子上进行测试的。例如，同位语语法仅适用于有同位语结构的句子。该系统整体上性能特别好，但可能对一些具有并列从句结构的句子处理起来效果不是很好。通过对语法产生错误解释次数的分析发现，JAPE 规则产生错误是由于缺乏对某些结构的覆盖，如并列的锚点、先行词的并列或主要动词与从句的并列。

表 5.1　JAPE 规则的评估结果

语法	句子数目	激发次数	正确次数	错误次数	未激发次数
同位语	100	100	79	21	0
关系从句	100	93	79	14	7
并列从句	100	62	56	6	38
从属句	100	97	72	25	3
被动句	100	91	85	6	9

5.2.3　基于事件的方法

上面描述的方法在简化过程中都保留整个句子的内容[198,203]。后来，一些研究人员主张通过缩减来简化句子，通过删除“不必要的”细节来保留句子的核心信息[204,205]。

为了提取句子的核心，Glavaš 等[205]提出了一种以事件为中心的句子简化方法，该方法主要包括两个步骤：①事件提取组件，负责检测传达新闻中事件核心含义的单词；②句子简化实现组件。事件提取组件也分成两部分。第一部分是事件锚的提取，这里事件锚指的是表示主要事件的单词，采用的是有监督的逻辑回归分类方法，使用的特征有词和词性特征、句法特征和修饰性特征。第二部分是识别事件锚的论点，采用的是基于规则的方法(Glavaš 等的工作[205])。所有的提取规则都是基于事件锚进行定义的，并标识参数的首字。参数是给定事件锚的代理、目标、时间和位置，通过依赖关系模式(如 nsubj(X, Y))定位和提取。

表 5.2 显示了锚和论点的两个示例。在第一个例子中，动词“confronted”被认为是一个锚，通过主语关系与“He”相关，因此可能提取“He”作为事件的代理人(在本例中是“confront”)。第二个例子通过直接宾语关系确定了与“agreement”相关的动词“disputes”，从而提取“dispute”事件作为目标。

表 5.2　论点提取的两个规则

例子	依存关系	论点类型
He confronted the trauma. (他直面创伤。)	nsubj(confront, trauma)	agent
China disputes the agreement. (中国对协议有异议。)	dobj(dispute, agreement)	target

一旦锚和论点被提取出来，删除与事件(如锚和论点)无关的部分。这样可以达到两个目的：①通过删除非相关的信息缩减文本的复杂度；②缩短长句子以增加文本的可读性。针对获取的事件，下面提出了两种不同的简化方案。

(1) 句子层面的简化：删除原句子中不属于任何事件的词语。假设原始文本至少包含一个事件，则原始文本中的一个句子映射为简化文本中的一个句子。不包含任何事件的句子将直接被删除。

(2) 事件层面的简化：每个提取的事件(基本上是一个锚和它的论点)用来产生一个简单句。在最后一种方法中，报告事件被完全忽略，通过名词锚检测到的事件也被忽略，因为它们可能包含很少的论点。同时，支配主句事件的动名词事件被转换成过去式以保持语法性。生成步骤只是将输入的单词复制到输出的句子中，很少进行转换，例如，将动名词转换为过去式的简单用法。

表 5.3 给出了一个简化的例子，分别采用了两种不同的简化方案。

表 5.3　句子和事件句子简化示例

原句	句子层面的简化	事件层面的简化
Baset al-Megrahi, the Lybian intelligence officer who was convicted in the 1988 Lockerbie bombing has died at his home in Tripoli, nearly three years after he was released from a Scottish prison. (1988 年储物柜爆炸案中被定罪的利比亚情报官员 Baset al-Megrahi 在 Tripoli 的家中去世，距他从苏格兰监狱获释近三年。)	Baset al-Megrahi was convicted in the 1988 Lockerbie bombing has died at his home after he was released from a Scottish prison. (1988 年储物柜爆炸案中被定罪的 Baset al-Megrahi 死在了家中，距他从苏格兰监狱获释近三年。)	Baset al-Megrahi was convicted in the 1988 Lockerbie bombing. Baset al-Megrahi has died at his home. Baset al-Megrahi was released from a Scottish prison. (Baset al-Megrahi 在 1988 年储物柜爆炸案中被定罪。Baset al-Megrahi 死在了家中。Baset al-Megrahi 从苏格兰监狱获释近三年。)

5.2.4 DISSIM

Niklaus 等[5]提出了一种递归的句法简化方法 DISSIM，不仅可以对句子进行简化，还可以构建简化句子的语义层次关系，从而有利于一些下游任务的展开，如机器翻译和信息提取。与之前的基于规则的句法框架相比，该方法涵盖了更广泛的句法结构，总共包含了 10 个，且只使用了 35 个手动定义的规则。该方法可以分成三个子任务：每个规则都定义了如何将输入拆分并重新表述为结构简化的句子(子任务 1)；在拆分的组件之间建立上下文层次结构(子任务 2)，并标识这些元素之间的语义关系(子任务 3)。

简化规则是基于句法和词汇特征的，这些特征可以从句子的短语结构中获得。针对递归方式应用的挑战，通过尝试不同规则，提供一组最佳规则克服有偏差或结构不正确的解析树。对 100 个随机抽取的维基百科句子的开发测试集进行手动定性分析，检查哪一个序列达到了最佳简化结果，从而确定规则的固定执行顺序。这些规则以自上而下的方式递归应用于原句子，直到不再匹配简化规则。

(1) 子任务 1(句子分割和重述)：每个转换规则都将句子的短语解析树①作为输入，通过匹配的模式从树中提取文本部分，然后将分解的文本内容以

① 通过斯坦福大学的预训练词汇解析器。

及剩余的文本内容转换为新的独立句子。为了确保得到的简化输出在语法上是合理的，一些提取的文本内容与主句中的相应指示物组合或附加到简单短语当中(例如，“This is”)。表 5.4 概述了 DISSIM 定义的手工规则，包括为相应的句法现象指定的规则数目。

表 5.4　DISSIM 定义的手工规则

类型	步骤	子句/短语类型	规则数目
句子分割规则	1	并列句	1
	2	状语从句	6
	3a	关系从句(限定性)	8
	3b	关系从句(非限定性)	5
	4	间接引语	4
短语分割规则	5	并列动词短语(VP)	1
	6	并列名词短语(NP)	2
	7a	同位语(非限定性)	1
	7b	同位语(限定性)	1
	8	介词短语(PP)	3
	9	形容词和副词短语	2
	10	靠前的 NP	1
总数			35

表 5.5 显示了两个转换规则模式，这里的模式都是依据 Tregex 模式①描述的。为了更好地理解拆分和重新措辞过程，图 5.1 显示给定输入语句匹配的表 5.5 第二个语法规则的应用实例，上面给出了需要简化的复杂句子，左边显示了与简化模式的匹配，右边显示了转换后的结果。加框的模式表示从输入语句中提取的部分，带下划线的模式指定其引用。粗体的模式将从输入的其余部分中删除。

① 查看 Niklaus 等的论文[5]了解规则模式的细节。

表 5.5 两个转换规则模式

规则	Tregex 模式	提取的句子
SharedNPPostCoordinationExtractor (并列动词短语)	ROOT<<:(S<(NP$..(VP<+(VP)(VP> VP$..VP))))	NP+VP.
SubordinationPreExtractor (有前置从句的状语从句)	ROOT<<(S<(**SBAR**<(S<(NP$..VP)) $..(NP$..VP)))	S<(NP$..VP).

例子：SubordinationPreExtractor

输入：Although the Treasury will announce details of the November refunding on Monday, the funding will be delayed if Congress and President Bush fail to increase the Treasury's borrowing capacity.

(尽管财政部将在周一宣布11月偿还的细节，但如果国会和布什总统不能提高财政部的借贷能力，资金将被推迟。)

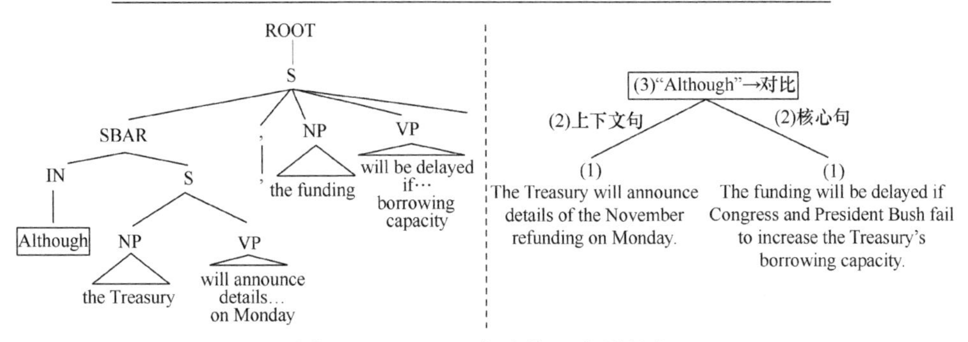

图 5.1 DISSIM 方法的三个子任务

(2) 子任务 2(成分类型分类)：为了构建上下文层次性，不同子句之间通过“核心句”和“上下文句”两种成分类型构建层次关系树。子句可以通过两种方式相互关联：①通过协调连词连接的平行子句；②由从属连词引入，子句可以嵌入另一个子句中。这同样适用于短语元素。后者通常表示次要信息，因此将其表示为上下文句。相反，前者具有同等的地位，通常描述输入中包含的关键信息，因此被称为核心句。为了区分这两种类型的成分，转换模式编码了一种简单的基于句法的方法，其中从属从句和短语元素被分类为上下文句，而协调从句/短语被标记为核心句。

(3) 子任务 3(修辞关系识别)：利用转换模式中的句法和词汇特征，识别并分类了简化句子之间的修辞关系。从句子中提取的提示词，用于推断修辞关系的类型。在这项任务中，使用了一个预定义的修辞提示词列表，该列表改编自 Taboada 等[206]的工作。图 5.1 的转换规则指定“Although”为提示词，被映射到“对比”关系。

通过自顶向下的方法递归地简化由第一个简化过程产生的叶节点。当不再匹配转换规则时，算法停止。图 5.1 例句最后构建的层次结构如图 5.2 所示。

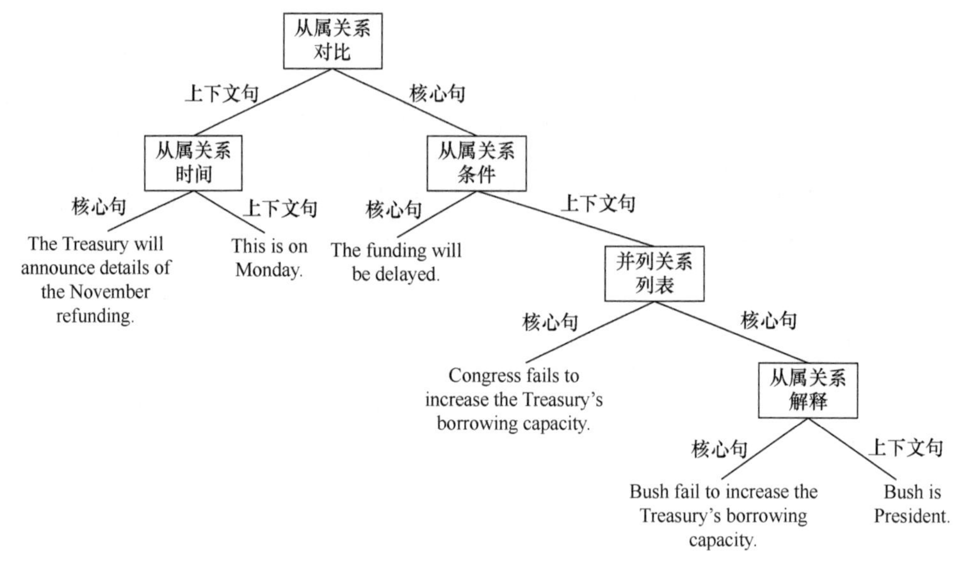

图 5.2　例句构建的层次结构

5.3　基于神经网络模型的方法

基于规则的方法的优势是能够进行层次化的处理，但缺点就是缺乏灵活性，性能受限于规则的质量。Narayan 等[15]提出了一种新的基于神经网络模型的文本简化任务：分割并复述(split-and-rephrase)。该任务专注于将一个句子分成几个较短的句子，并进行必要的重新措辞，以保持意义和语法。该类方法属于数据驱动的方法，不需要人类的干预，具体能够学习到什么类型的句子分割，全部依赖于标注好的句子分割语料，最常采用的语料是 WebSplit[15,43,44](1.2 节介绍)。

在原论文中，Narayan 等[15]提出了五个不同的基线方法，即基于短语的统计机器翻译方法、基于神经网络模型的机器翻译方法和三个融入 RDF 的神经网络模型的机器翻译方法。基于神经网络模型的机器翻译方法采用的都是基于端到端的模型(Seq2Seq 模型)。考虑到句子分割很多词语都是拷贝原句，Aharoni 等[44]认为在 Seq2Seq 模型中引入拷贝机制至关重要。这几个方法都是直接采用机器翻译的方法，没有对方法进行更改。下面将介绍两个最新的基于神经网络模型的句子分割方法。

5.3.1　基于事实感知的方法

Guo 等[193]认为 Seq2Seq 模型在平行语料上进行训练会有下面两个问

题：①对于复杂长句，编码器很难准确地捕捉到其中所陈述的事实，因此解码出的简单句经常会丢失信息或者生成一些错误的事实表述，如表 5.6 所示。②由于从复杂句中派生出的多个简单句，可以以任何一种顺序方式呈现，这种排列的随机性会困扰 Seq2Seq 模型应该以怎样的顺序生成多个简单短句。

表 5.6 违反事实的句子分割实例

	句子
原句	The author of Aenir is Garth Nix and is available in print.
事实	<Aenir, author, Garth Nix> <Aenir, available, in print>
参考句	The author of Aenir is Garth Nix. Aenir is available in print.
Seq2Seq	The author of Aenir is Garth Nix. Garth Nix is available in print.

为了解决上述问题，Guo 等引入了基于事实感知的句子编码器(fact encoder, FE)，以及置换无关训练(permutation assignment, PA)的策略。FE 借助多任务学习的方式使得编码器编码的特征不仅用于句子分割并复述任务，同时还用于判断从当前复杂句中是否可以推断出给定的事实。引入事实判定的辅助任务使得模型能够从复杂长句中更好地捕获事实信息，从而提高句子切分的准确率。PA 策略被广泛用于解决多谈话者场景下语音分离任务中的标签排序问题。在句子分割并复述任务中，引入 PA 策略来寻找具有最小损失的排列顺序作为优化的目标，缓解排列顺序随机性给 Seq2Seq 模型学习带来的影响，从而使得整个训练过程更加稳定。

该方法在 WebSplit 语料库上性能得到了显著的提升。另外，作为信息获取任务的预处理步骤，也显著地提升了信息获取的结果。

5.3.2 基于图框架的方法

Gao 等[194]提出了一个新的句子分割方法，称之为 ABCD 方法，即将每一个复句分解成由源中的时态从句派生出的简单句，并提出了一个新的问题表述作为一个图形编辑任务。基于规则的方法利用句子的依存结构，许多句子成分都可能是一个简单句子。不同于以上的其他句子分割方法，一个短语缺乏时态是不可能作为一个独立的句子的。可以看出，利用时态进行句子分割在句法和语义上更为直接。

表 5.7 显示了一个带两个动词短语的复杂句的例子。可以看出，把一个句子分割成两个句子除了打破词语之间的邻接关系，动词短语中的词语(下划线)还需要在输出句子中保持相同的顺序。原句中的主语“Sokuhi”被拷贝到

更远的动词短语的前面。最后，连接词“and”被删除。许多复杂句分割成简单句的过程都有类似的操作，同时这些简单句保持了源时态谓词与目标简单句的一一对应关系。基于这些观察，ABCD方法将句子分割方法转换为图形编辑任务，利用神经网络模型学习接受(accept)、打断(break)、拷贝(copy)或删除(delete)结合词语邻接和语法依赖的图形元素。

表 5.7　一个复杂句被分割成两个简单句(SS1 和 SS2)的例子

	句子
原句	Sokuhi was born in Fujian and was ordained at 17.
SS1	Sokuhi was born in Fujian.
SS2	Sokuhi was ordained at 17.

ABCD方法既然是一种新的数据驱动方法，首先就需要能够基于时态分割的平行语料。为此，作者提供了两个语料库：DeSSE 和 WikiSplit 的子集 MinWiki。DeSSE 的句子来源于大学的社会科学课堂上，学生通过观看视频片段，并在博客环境中撰写论文，与全班分享他们的观点。DeSSE 的数据利用亚马逊土耳其机器人(AMT)众包平台进行标注，最后的训练集和测试集的数量分别为 12000 和 790。MinWiki 是从 WikiSplit 中选择符合该任务目的的句子对，其中训练集和测试集的数量分别为 18000 和 1075。结果显示，相对于 MinWki，DeSSE 是一个在各种语法形态上更加均衡的语料库。

ABCD方法具体由五个组件组成。第一个组件是三个预处理组件分别处理的词语连接图(word relation graph, WRG)的构造；第二个组件是图形三元组到向量的转换；第三个组件是图的远程监督标签的创建；第四个组件是 ABCD 神经网络模型，学习标记 WRG 的四个标签，即接受(A)、打断(B)、拷贝(C)和删除(D)；最后一个组件是图分割器，根据 ABCD 神经网络模型学习的标签分割 WRG，并将每个图映射到一个简单的句子。给定一个句子和对应的 WRG，目标就是分解图为 n 个连接成分(connected components, CC)，其中每个 CC 利用最后一个组件重写为一个简单句。

(1) WRG 的构造。将输入的句子及其对应的依存关系转换成 WRG，其中图的顶点就是句子中的词语及对应的索引。将有向边和邻居(nghb)标签赋值给所有的邻接词语，也赋值给所有的具有依存关系的词对。

(2) 图形三元组到向量的转换。WRG 按照边的三元组集合进行存储，其中每一个三元组(源节点、目标节点、边)表示为每一对词语通过一条边进行连接。边的三元组集合在训练阶段，通过 ABCD 模型的编码器创建每个三元组的向量表示。利用词语的索引，每个三元组的源节点和目标节点通过编码器获取到的隐含向量进行表示，三元组的边被转化为维数为 d 的独热编码(one-hot encoding)。假设每个边有 m 个三元组，源词和目标词的隐含表示组合分别构成了大小为 $m \times h$ 的矩阵 H_{src} 和 H_{tgt}，边的独热表示组成也构成了大小为 $m \times d$ 的矩阵 D_{rel}。

(3) 图的远程监督标签的创建。训练语料是由原句子和一个或者多个简化句子组成的，没有包含每个三元组的编辑类型。ABCD 中提出了一种远程监督标签的创建方法，通过对齐原句子与目标句子的集合，获取每个三元组的编辑类型。针对每个三元组，具体的创建过程如下：如果是“邻接”关系，源词和目标词出现在同一个简化句中，则对应的编辑类型为 A；如果源词和目标词在不同的简化句中，则编辑类型为 B；如果源词和目标词出现在同一个简化句中，而且边的类型是依存关系，则编辑类型为 C；最后，如果其中一个词不属于任何简化句中，则编辑类型为 D。

(4) ABCD 神经网络模型。ABCD 神经网络模型由三个模块组成：①句子编码器学习输入句子的隐含表示。编码器采用的是双向 LSTM 模型，位置编码也结合到词嵌入模型中。每个三元组的源词和目标词的向量表示通过联合前向和后向 LSTM 的隐含表示得到。②边的自注意力机制。源词矩阵 H_{src}、目标词矩阵 H_{tgt} 和边的矩阵 D_{rel} 通过多头的自注意力机制[81]获取每个三元组边的编辑类型的重要性权重α。③编辑类型分类。拼接三个矩阵(H_{src}、H_{tgt} 和 D_{rel})为同一个表示，乘以注意力得分α，获取三元组的表示 H'。H' 输入到一个多层感知机，再利用 softmax 函数进行分类，获取每个三元组的四个编辑类型的分布。

(5) 图分割器。该模块是推理的一部分，根据上一步预测的编辑类型把图分割成连接的组件，并输出简化的句子。该模块包含四个阶段，即图分割、遍历、主语拷贝和输出重新排列。在图分割阶段，首先根据预测的编辑类型对每个三元组执行以下操作：如果编辑类型是 A，不执行任何动作；如果编辑类型是 B，词语之间的边被删除；如果编辑类型是 C，边被删除和边的三元组被存储到一个临时列表中；如果编辑类型是 D，目标词被从图中移除。之后，采用深度优先搜索的遍历方法获取所有的 CC。针对每个 CC，保留顶点和删除边。然后，进入主语拷贝阶段。针对临时列表中的每个源词和目标词，如果 CC 包含目标词，就拷贝源词到 CC 中。最后，针对每个 CC，按照索引顺序排序所有词，并输出简化的句子。

在 DeSSE 和 MinWiki 两个语料库进行实验，实验结果显示 ABCD 方法要明显优于基于 Seq2Seq 模型的方法。

5.4 本章小结

句子分割是将复杂的长句子转换成简单的短句子。常用的方法主要包括基于规则的方法和基于神经网络模型的方法。基于规则的方法需要句法和文本生成方面的专业知识。一旦从同行评议的文献或实验中了解影响目标用户的句法复杂性的来源，就需要语言学家用语法术语对这些现象进行建模，才能在未出现的文本中识别它们。相对于基于规则的方法，基于神经网络模型的方法吸引了学者更大的研究兴趣，不需要人工制定规则，输出句子的流畅性也更好。但是，平行语料的质量和规模对基于神经网络模型方法的性能至关重要，该类方法的可解释性差。

第 6 章　统计文本简化方法

统计文本简化是将双语的统计机器翻译模型用于解决单语言的文本简化问题。相对于基于规则的文本简化方法，该类方法的性能依赖训练的平行语料，而不是人工定义的规则。大多数统计文本简化方法能够学习数据中的词汇转化，有些也可以学习语法转化。本章首先介绍统计机器翻译模型；其次介绍基于短语的机器翻译方法；再次概述一种基于统计句法树翻译的简化过程，其目的是将复杂句子转化为较简单句子；接着回顾将语义信息合并到简化问题上的工作；最后介绍最新的无监督的统计文本简化方法。

6.1　概　　述

Specia[9]最先研究将统计机器翻译(SMT)模型用于文本简化任务，直接使用机器翻译 Moses[79]进行文本简化。之后，Coster 等[24]采用指定词语到空值的翻译进行对应文本简化的删除。Wubben 等[90]对输出的候选句子进行重新排序，选择不是和原句最相似的句子，而是与原句最不同的句子作为输出的简化句子，在公开的 WikiLarge 语料库上进行评估，该方法获得 SARI 得分为 38.56。

考虑以上统计文本简化模型更多关注词语的简化，而不能进行文本简化中的句子简化。Zhu 等[23]将句法简化转换为寻找解析树的最佳转换序列，主要通过执行以下四种操作：拆分、删除、重新排序、替换。在 SMT 模型的翻译函数中，通过标注语料学习这四种操作。由于已有的平行语料没有标注具体的操作过程，他们只能通过算法标注这些规则，严重影响了该方法的性能。该方法的复杂性，影响了其使用。之后，Narayan 等[207]把文本简化分为两个步骤，先进行句子简化，再进行词语的替换和重排。该方法在 WikiLarge 语料库上获得的 SARI 得分只有 31.40。

考虑到之前的评估指标都是利用 BLEU，只对比了输出句子和目标句子的关系，没有考虑到输出句子和原句子之间的变化，Xu 等[39]提出了 SARI 指标，并在 SMT 模型的基础上，引入复述规则特征进行优化。在 WikiLarge 语料库进行评估后发现，该方法取得了非常不错的结果，获得 SARI 得分为 39.96。Xu 等提出的 SARI 指标被广泛用来调整模型的参数和评估文本简化系统的性能。

以上都是有监督的方法，对平行语料的依赖性非常高。Qiang 等[208]提出了一种基于统计的无监督方法，利用基于短语的机器翻译(PBMT)方法作为主要的骨干结构。基于统计的有监督方法利用平行语料填充 PBMT 方法需要的短语表和语言模型。该方法首先利用原始的维基百科语料产生一系列先验知识，如词向量、词频、简单文本语料和复杂文本语料。然后，利用这些先验知识填充 PBMT 方法需要的短语表和语言模型，从而不依赖平行语料。

6.2　基于短语的机器翻译方法

PBMT 方法的本质就是采用短语(词的序列)作为翻译的基础单元。因此，翻译模型 $p(y|x)$依赖每个可能的短语对的标准化出现次数。这些出现次数是从平行语料和自动对齐的短语中提取的，其中自动对齐的短语是从对齐的单词中获得的。解码过程可以当成一种搜索过程，找到最大化翻译概率和语言模型概率的句子，可以采用最好的优先搜索(best-first search)算法，如 A*。但是探索整个可能的空间的代价是非常昂贵的。因此，实际情况中更多采用的是光束搜索(beam-search)，在每一步都只保留最好的几个结果，然后继续搜索。

1. Moses 方法[79]

Specia[9]第一个将文本简化问题转换为单语言的机器翻译问题，利用了 PorSimples 项目所产生的原始和简化句子的平行语料库(见 6.3 节)。该语料库包含两种简化，一种是人工标注产生的自然简化，另一种是根据特定规则产生的强简化。基于短语的统计机器翻译系统，Moses 方法[79]使用 3383 个平行语料对以及另外一组 500 对原始和简化句子训练模型对相关参数进行调整。该模型在一组 500 对对齐句子上进行测试。自动简化的句子与人工简化的句子使用机器翻译评估指标 BLEU 进行评估，这种方法检查两个文本单元之间的 n 元文法重叠情况(参见 1.3 节的评估指标)。实验结果显示，BLEU 得分为 0.6075。尽管 BLEU 得分在 0.60 左右被认为是翻译质量好，但在简化的情况下，0.60 左右的 BLEU 分数并不能说明简化质量问题。由于简化更接近原句子而不是标注的简化句子，故这个系统没有达到合理的简化效果。Specia[9]还观察到，尽管在极少数情况下，自动简化句子与参考句子相同，但是简化句子大多数都是正确的。在一个成熟的统计框架中进行简化，这项工作很有趣。但需要注意的是，由于采用了简单的 n 元文法语言模型，标准的统计翻译模型很难学习到句法的简化操作。

2. Moses-Del 方法

Coster 等[24]也使用了 SMT 框架来简化英语句子，称该方法为 Moses-Del 方法，它使用从传统英语维基百科(EW)和简单英语维基百科(SEW)语料库中提取的 137000 对齐句子对模型进行训练。值得注意的是，使用标准的 TF-IDF 余弦相似度函数计算，语料库中存在一些句子对相似度超过 0.5。他们观察到该翻译模型考虑了一个或者多个词语的替换操作，但是没有实现简化中的短语删除和短语插入操作。为了能够学习删除操作，他们放宽短语翻译模型，在对齐的训练数据中显式地插入空值。通过显式地将任何未对齐的单词序列与字符串 NULL 对齐来完成；另外，如果序列 $a_1 \cdots a_k W b_1 \cdots b_l$ 在语料库中与序列 W 对齐，则 a_i 和 b_i 将与正确插入简化语句中的 NULL 对齐。尽管这些转换原则上可能会产生不好的上下文删除，但 Coster 等认为语言模型可以帮助避免出现这些问题。当涉及评估时，通过与五种不同的简化方法进行对比，Moses-Del 方法在 BLEU 评估指标上显著提升。通过检查 n 个最佳翻译和选择最高 BLEU 评分的翻译，表明可以使用重排名机制选择更合适的简化句子。

3. PBMT-R 方法

Wubben 等[90]进一步研究了 SMT 简化方法，提出了一种 PBMT-R 方法，主要是在 Moses 方法的基础上加了后期预处理。PBMT-R 方法通过结合基于不同的重排列机制对候选的输出句子进行选择。该重排机制通过 Levenshtein 编辑距离计算插入、删除和替换的最小次数，选择与复杂句子最不同的 n 个最好的翻译句子。Levenshtein 编辑距离计算把一个句子转换成另一个句子所需的最小插入、删除和替换次数。以上介绍的基于 SMT 的简化模型是基于 n 元文法进行学习的，很难学习到句法结构的简化。

6.3 基于句法的统计文本简化方法

在基于句法的 SMT(SBSMT)方法中，翻译的基本单位不再是短语，而是语法树中的句法成分。在 PBMT 方法中，语言模型和短语对齐作为特征来计算模型生成翻译的可能性有多大(在本章是简化)。在 SBSMT 方法中，根据平行解析树的结构来提取更多的信息特征。

1. TSM 方法

Zhu 等[23]为了能够进行句子句法的简化，将句子简化问题归结为寻找解析树的最佳转换序列，提出了一种基于树的句法简化模型(tree-based simplification model, TSM)。他们的模型假设使用四种操作(拆分、删除、重新排序和替换)将输入解析句子转换为简化版本。

该模型是概率模型，所有操作都与概率关联，并且模型本身将所有子模型或概率组合成一个翻译模型。更具体地说，如果 y 和 x 是简单句和复杂句，则简化过程模型如下：

$$y = \operatorname{argmax}_y p(y \mid x) p(y) \tag{6.1}$$

式中，$p(y|x)$为翻译模型；$p(y)$为简化句子的语言模型。

为了估计 $p(y|x)$，该方法从上到下遍历原句子的解析树，从每个节点和四种可能的转换中提取特征。这些特性是基于特征转换的操作，并且存储在每个转换的特征表中。对于每个表中的每个特征组合，在训练过程中计算相应的概率。该方法将使用拆分操作来更详细地解释这个过程。其他三个变换也采用了类似的方法。

拆分操作负责在特定的分割点处对一棵树进行分割，以获得两个分量。通常选择关系代词作为分割点。拆分操作实际上被建模为两种操作，即分割和重组句子。分割操作的概率通过式(6.2)计算得到：

$$p(\text{seg} \mid x) = \prod_{w:x} \text{SFT}(w \mid x) \tag{6.2}$$

其中，w 表示原句子 x 中的词；SFT($w|x$)表示分割特征表(segmentation feature table, SFT)中 w 的概率。

重组句子意味着决定第二部分的边界词是否需要删除，以及第一部分的哪些内容需要复制到第二部分当中。该操作的概率通过式(6.3)计算得到：

$$p(\text{com} \mid \text{seg}) = \prod_{\text{bw}:s} \text{BDFT}(\text{bw} \mid y) \prod_{w:y} \prod_{\text{dep}:w} \text{CFT}(\text{dep}) \tag{6.3}$$

式中，y 为分割后的句子；bw 为 y 中的边界词；w 为 y 中的词；dep 为超出了 s 范围的 w 的依存项；BDFT 为边界丢弃特征表；CFT 为复制特征表。

相应地，其他三个操作也进行类似计算，然后所有的概率联合得到最后的翻译模型。最后的翻译模型可以通过下面公式计算得到：

$$\begin{aligned} p(y \mid x) = \sum_{\theta:\text{Str}(\theta(x))=y} (p(\text{seg} \mid x) p(\text{com} \mid \text{seg}) \\ \times \prod_{\text{node}} p(\text{dp} \mid \text{node}) p(\text{ro} \mid \text{node}) p(\text{sub} \mid \text{node}) \prod_{w} p(\text{sub} \mid w)) \end{aligned} \tag{6.4}$$

式中，seg 表示拆分操作；com 表示完善操作；dp 表示删除操作；ro 表示重新排序操作；sub 表示替换操作；θ 表示应用于复杂句 x 的简化操作序列。

该模型的一个关键方面是需要从训练数据中估计每个操作应用于解析树上节点的概率。也就是说，需要原句一步步转换的轨迹。但是，使用了哪种

转换，以及哪一种特定的转换顺序，没有这样的资源可用于文本简化研究。事实上，转换一个句子可能有很多方法，或者根本没有简单句子对复杂句子语义复述。在 Yamada 等[209]提出的基于句法的统计机器翻译中，使用期望最大化(expectation maximum, EM)算法在训练语料库上最大化 $p(s|c)$，通过启发式规则将简化操作应用到复杂句中，对复杂句进行所需的简化操作，得到所需的简化字符串。

例如，句子“August was the sixth month in the ancient Roman calendar which started in 735BC.”(八月是古罗马历法中的第六个月，始于公元前 735 年。)的解析结果如图 6.1 所示。在图 6.2 和图 6.3 中通过拆分操作转化成一对句子(分割点是关系代词 which)。

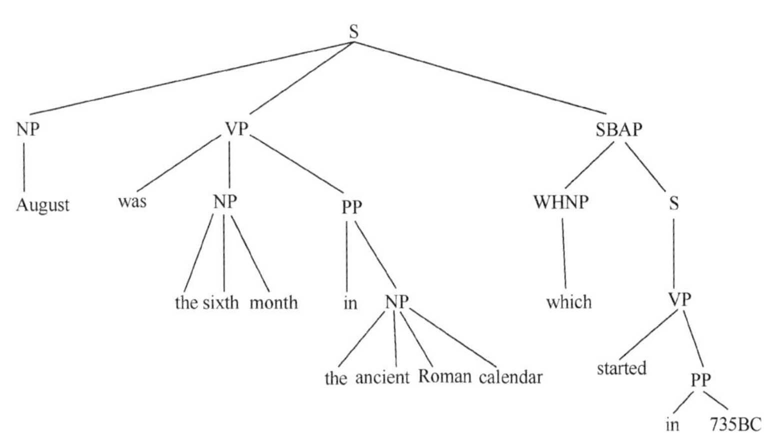

图 6.1　原句解析

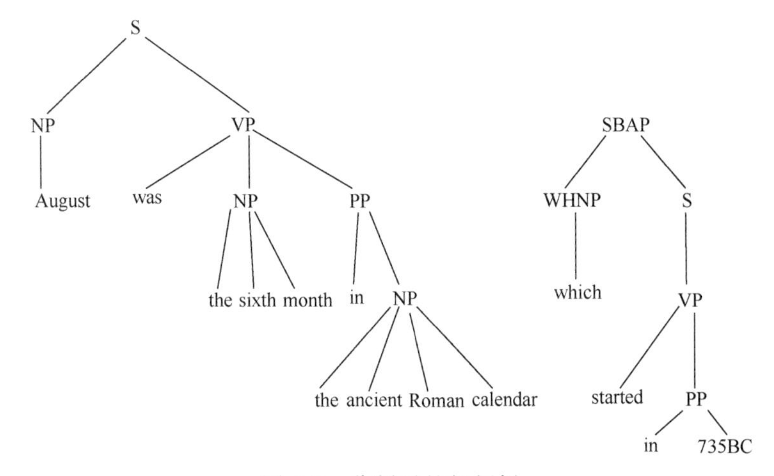

图 6.2　分割后的解析树

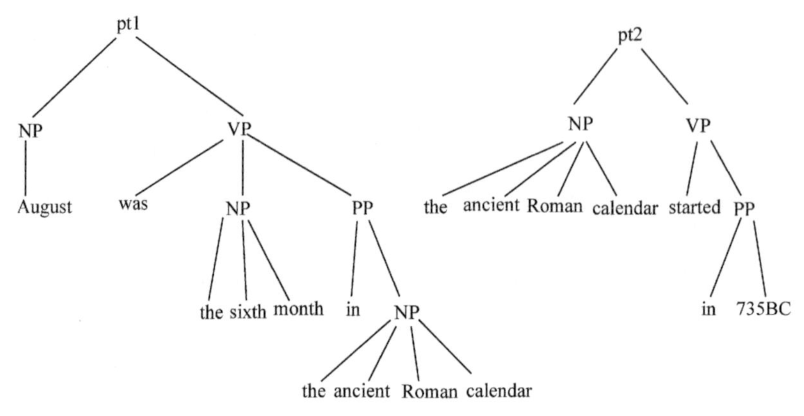

图 6.3　完成后解析树(先行词替换关系代词)

删除操作从解析树中删除非终端节点。例如，在 DT(限定词)、JJ(形容词)、NN(名词)名词短语结构中，JJ(形容词)可能会被删除。图 6.4 显示了对解析树应用删除操作的结果(去掉了形容词“Roman”)。

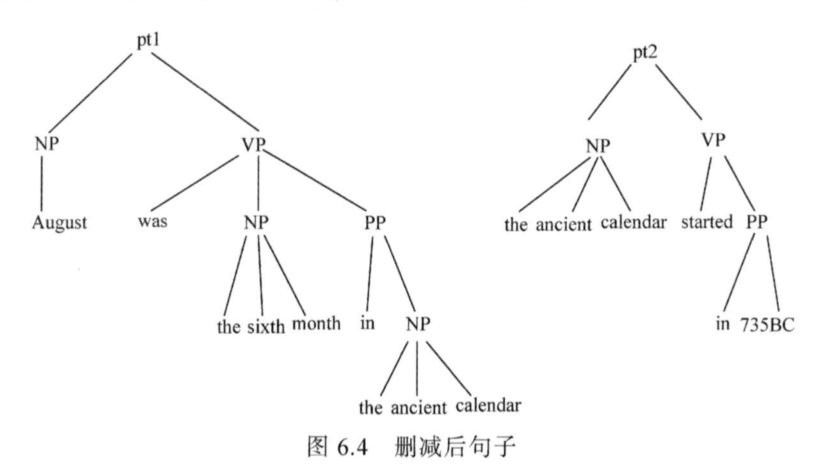

图 6.4　删减后句子

重新排序操作将对特定节点的子节点进行排列，例如“she has an older brother, Chad and a twin brother”这两个连词短语可能会排列为“she has a twin brother and an older brother, Chad.”。

替换操作处理解析树上叶子节点的词语简化，或者在替换完整短语的情况下在非终端节点处进行词语简化。图 6.5 显示了一个词语替换示例，其中将“ancient”替换为“old”。

TSM 使用英语维基百科和简单英语维基百科(WikiSmall 语料库)中对齐的句子对进行训练(关于这个语料库的评论见 1.2 节)。训练后，使用一组对齐的且不可见的 100 个复杂句子和 131 个简单句子对模型进行评估。相对之前的方法，TSM 获得了高的可读性评估得分(FRE 分数)。但要注意，使用可读性公式来评估句子的简单性是有争议的(见第 3 章)。整体来说，TSM 在词语替代和句子分割上有着不错的表现。

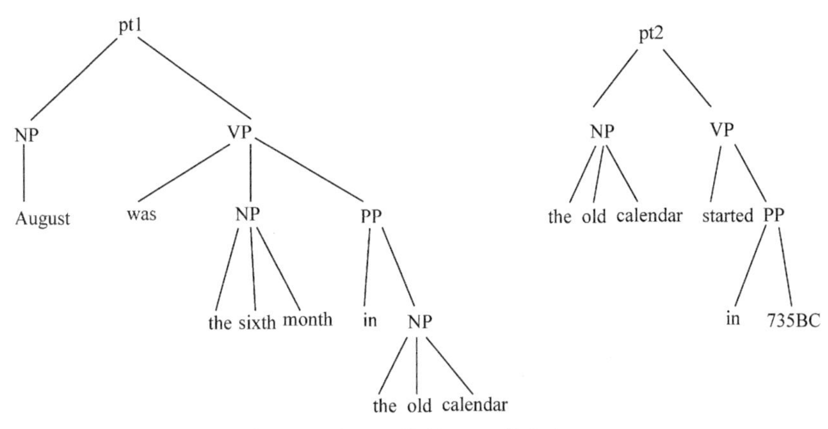

图 6.5　同义词替换后的简化句子

2. TriS 方法

Bach 等[210]提出了一种将原句子分成几个简单句子的方法。一个句子如果包含主谓宾顺序结构(有一个主语、一个动词和一个宾语)，就被认为是简单句子。给定需要分成一组简单句子集合 ss 的句子 x，该任务的目标是选择最大化公式(6.5)概率的集合：

$$\widetilde{\mathrm{ss}}(x) = \arg\max_{\forall \mathrm{ss}} p(\mathrm{ss} \mid x) \tag{6.5}$$

语言模型和翻译模型联合起来采用对数-线性模式，计算公式如式(6.6)所示：

$$p(\mathrm{ss} \mid x) = \frac{\exp\left(\sum_{m=1}^{M} w_m f_m(\mathrm{ss}, x)\right)}{\sum_{\mathrm{ss}'} \exp\left(\sum_{m=1}^{M} w_m f_m(\mathrm{ss}', x)\right)} \tag{6.6}$$

对于解码，他们的方法是首先列出原句子的所有名词短语和动词，然后结合主谓宾形式的列表生成简单的句子。继续使用 k-best 堆栈解码算法，即从一堆单个简单句子的假设开始(一个假设是多个简单句子的完全简化)，然后在每个步骤弹出堆栈中的一个假设并将其展开(在第一次迭代中扩展为 2 个简单句，以此类推)，将新的假设放入另一个堆栈中，修剪它们(根据某种度量)并更新原始假设堆栈。在完成所有步骤(对应于句子中动词的数量)之后，

选择堆栈中的 *k*-best 假设。在训练过程中，他们使用 MIRA(margin infused relaxed algorithm)[211]。为了进行建模，设计了 177 个特征函数来捕捉语句内和句间信息(简单计数、解析树中的距离、可读性度量等)。

为了测试他们的方法，创建一个由 854 个句子组成的语料库，这些句子分别摘自《纽约时报》和维基百科，每个句子都有一个人工标注的简化。在 100 个句子的测试集中进行评估，通过与基于规则的方法进行比较，该模型取得了更好的 Flesch 等级水平和 ROUGE 得分。

3. SBSMT 方法

Xu 等[39]提出从两个方面优化 SBSMT 框架：基于规则的特征和针对词语简化具体地调整度量。引进两个新的度量，即 FKBLEU 和 SARI(已在 1.3 节介绍)。Xu 等提出的简化模型依赖 PPDB 中的复述规则。对于每个复述规则，他们使用了 PPDB 1.0 发布的所有 33 个特性，并添加了 5 个新特性达到简化目的：字符长度、单词长度、音节数、语言模型分数和每个规则上常用英语单词的比例。这些特征得分通过复述规则的两边计算得到。

上面介绍的统计文本简化方法都是基于机器翻译指标 BLEU 进行参数调整的。许多研究工作都已经指出 BLEU 指标并不适用于文本简化系统的评估。为此，提出了新的文本简化评估指标 SARI，现已广泛用于文本简化的评估(1.3 节已介绍)。相对于 BLEU，SARI 对已有的统计文本简化方法可进行参数调整，能够取得更好的效果。

6.4 混合的方法

考虑到 PBMT 方法无法模拟句法转换，Narayan 等[207]在 PBMT 方法的基础上，建议结合一个专门处理拆分和删除操作的语义模型和一个负责单词替换和重新排序的基于翻译的模型。分句和短语删除在本质上都是语义上的操作。当一个实体在句子中表达两个不同事件时，可以使用拆分操作。例如，在原句中，“bricks(砖块)”涉及两个事件：“being resistant to cold(抵御寒冷)”和“enabling the construction of permanent buildings(建造永久性建筑物)”。

(1) 原句：Being more resistant to cold, bricks enabled the construction of perman- ent buildings. (由于更能抵御寒冷，砖块使建造永久性建筑物成为可能。)

(2) 简化的句子：Bricks were more resistant to cold. Bricks enabled the

construction of permanent buildings. (砖块更能抵御寒冷。砖块使建造永久性建筑物成为可能。)

尽管拆分的位置可以由句法决定(如关系从句或并列句)，但通过在第二个分句中添加来自第一个分句的共享元素应通过语义信息来完成，因为需要识别两个事件所涉及的实体。

Narayan 等[207]构建了句子简化模型 Hybrid，在基于 PBMT 的替换和重新排序的基础上，融入了语义驱动的分割和删除。该方法的主要思想是使用语义角色信息来识别原句中的事件，而这些事件将决定如何拆分该句。此外，删除也将由该信息指导，因为不应删除每个已识别的动词谓语。

为了从语义上表示文本内容，他们依赖 Kamp 的话语表示结构(discourse representation structure，DRS)[212]，该结构使用 Boxer 计算得到。语义表示从 DRS 变量之间的连接图中获取。概率分割仅使用与事件变量相关的主题角色来建模。对介词短语、形容词和副词以及孤立词(即经过拆分操作后失去联系的单词)计算删除概率。介词短语的特征是介词的长度，而孤立词的特征是孤立词和词是否在表征的边界上。按照 Zhu 等[23]提出的方法训练用于拆分和删除的语义模型(DRS-SM)，其中采用的训练数据来源于 WikiSmall。对于复杂词语的替换和排序，Narayan 等依赖基于 PBMT 的模型，使用 EM 算法进行参数估计。

评估比较系统的输出与其他三种方法得到的结果，这三种方法是 Zhu 等[23]、Woodsend 等[26]和 Wubben 等[90]提出的方法。在所有指标中，基于语义的方法更好，它们获得更高的 BLEU 分数，与标准简化相同的简化程度更高，与原句子相同的句子很少。此外，还进行了简单、流畅和充分的人工评估，取得了相当正确的结果。

6.5 无监督的统计文本简化方法

Qiang 等[208]提出一种无监督的统计文本简化方法，算法框架如图 6.6 所示。相对于神经网络方法，统计的方法具有参数少、易解释等优势。无监督的统计文本简化方法是基于 PBMT 方法作为主要的骨干结构。该方法的主要思想是首先从维基百科语料中获取一些有用的知识，然后利用有用的知识去填充短语表和学习语言模型，其次利用短语表和语言模型构建初始的 PBMT 系统，最后利用初始的 PBMT 系统生成合成的平行语料，可以利用回译(back-translation)使无监督的问题转变为有监督的问题。

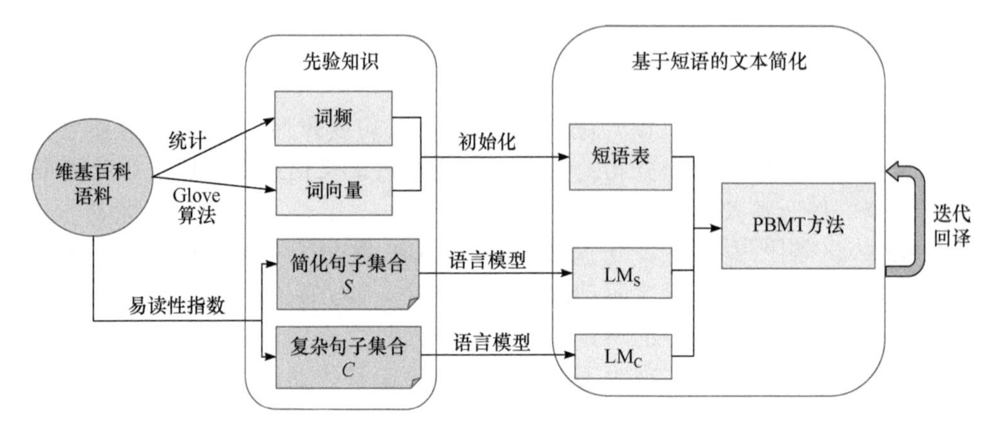

图 6.6　无监督的统计文本简化方法框架

1. 先验知识

从维基百科语料 W 中获取以下有用的先验知识，即词嵌入模型、词频、简化语料和复杂语料。

(1) 词嵌入模型：通过词嵌入模型(Glove 算法)从维基百科语料 W 中学习词语的向量表示。获取词向量表示后，可以用来计算词语之间的相似度。

(2) 词频：利用维基百科语料 W 统计每个词语 t 的频率 $f(t)$，$f(t)$表示词语 t 在 W 中的出现次数。在文本简化任务中，词的复杂度测量通常会考虑词语的频率，即词频。一般，词频越高，该词越容易被理解。因此，词频可以用来从词语 t 的高相似的词语集合中寻找最容易理解的词。

(3) 简化语料和复杂语料：维基百科语料 W 是一个超大的语料库，包含了大量的复杂句子集合和简化句子集合。利用维基百科语料 W 获取简化句子集合 S 和复杂句子集合 C。

针对维基百科语料 W 中的每个句子 s，采用可读性评估公式(FRE)进行打分，并按分值从高到低进行排序。分值越高意味着句子越简单，分值越低意味着句子越困难。

去除得分超过 100 以及低于 20 的句子集合，并去除中间得分的句子集合。去除高分和低分的句子是为了去除特别极端的句子。去除中间得分的句子是为了在 S 和 C 之间建立明显的界限。最后，选择得分高的句子集合作为简化句子集合 S 和得分低的句子集合作为复杂句子集合 C。实验中，S 和 C 都分别选择了 1000 万个句子。

2. 短语表

利用词向量和词频计算一个词到另一个词的概率，并填充短语表(phrase table, PT)。在 PT 中，词语 t_i 到词语 t_j 的翻译概率 $p(t_j \mid t_i)$ 的计算公式如下：

$$p(t_j \mid t_i) = \begin{cases} \dfrac{f(t_j)}{f(t_i)} \cos(v_{t_i}, v_{t_j}), & p(t_j \mid t_i) < 1 \\ 1, & \text{其他} \end{cases} \tag{6.7}$$

式中，v_{t_i} 表示词语 t_i 的向量表示；cos 表示余弦相似度计算公式；如果两个词语 t_i 和 t_j 有更高的相似度且 t_j 比 t_i 有更高的频率，则 $p(t_j \mid t_i)$ 有更高的得分。

考虑到学习所有词的转换概率是不可行的，实验中选择了最频繁的 30 万个词语，并只计算到最相似的 200 个词语的概率。对词语中的专有名词，只计算到自己本身的概率。

3. 语言模型

语言模型用于计算语料中指定的词语序列的概率。简化语言模型和复杂语言模型有助于通过执行本地替换和词语顺序重排两种操作提高简化模型的质量。针对获取的简化句子集合 S 和复杂句子集合 C，分别采用语言模型 KenLM 算法[213]进行训练，获取简化语言模型 LM_S 和复杂语言模型 LM_C。LM_S 和 LM_C 在后面的迭代学习过程中保持不变。

4. PBMT 方法

利用 PT、简化语言模型 LM_S 和复杂语言模型 LM_C，采用 PBMT 方法，构建复杂句子到简化句子的简化算法 $m^0_{C\to S}$。给定复杂句子 c，$m^0_{C\to S}$ 算法利用式(2.2)分别计算不同词的组合组成的句子 s 的得分，最后选择得分高的句子 s' 作为简化句子。

鉴于只能获取非平行语料，利用初始的 PBMT 方法 $m^0_{C\to S}$，迭代执行回译策略，可以把非常困难的无监督学习问题转化为有监督学习任务，从而生成更优的文本简化算法。具体的执行步骤如下：

(1) 首先利用 $m^0_{C\to S}$ 算法，翻译复杂句子集合 C，得到新的合成的简化句子集合 S_0；然后，循环执行步骤(2)到(5)，迭代次数 i 从 1 到 N。

(2) 利用合成的平行语料(S_{i-1}, C)、简化语言模型 LM_S 和复杂语言模型 LM_C，训练新的从简化句子到复杂句子的 PBMT 方法 $m^i_{S^0\to C}$。

(3) 利用 $m^i_{S^{i-1}\to C}$ 翻译简化句子集合 S，得到新的合成的复杂句子集合 C_i。

(4) 利用合成的平行语料(C_i, S)、简化语言模型 LM_S 和复杂语言模型 LM_C，训练新的从复杂句子到简化句子的 PBMT 算法 $m^i_{C_i\to S}$。

(5) 利用 $m^i_{C_i\to S}$，翻译复杂句子集合 C，得到新的合成的简化句子集合 S_i；重新回到步骤(1)、(2)重复执行，直到迭代 N 次。

直观地说，通过词向量和词频可发现短语表中许多条目是不正确的，即 PBMT 方法的输入是包含噪声的。尽管如此，在产生简化句子的过程中，语言模型能够帮助纠正一些错误。只要这种情况发生，随着迭代的持续进行，短语表和翻译算法的性能都会相应被提高。随着短语表中更多的条目被纠正过来，PBMT 方法也会越来越强大。

PBMT 方法在语料库 WikiLarge、WikiSmall 和 Newsela 上进行测试，取得了同有监督的文本简化方法相等的效果。但是，该方法更多关注的是词语的替换。

6.6 本章小结

本章详细介绍了代表性的统计文本简化方法。这些方法主要利用了 PBMT 方法进行文本简化。影响统计文本简化方法性能的原因主要有两个，即统计学习使用的特征和训练的平行语料。最近几年，基于神经网络的方法快速发展，并广泛用于文本生成类任务，这主要归功于该类方法不仅不需要人工定义特征，而且生成的文本流畅性更好。

第 7 章　神经文本简化方法

神经文本简化是利用神经网络模型进行文本简化。神经网络模型一般指的是基于端到端的模型(Seq2Seq 模型)，包括一个编码器(encoder)和一个解码器(decoder)。Seq2Seq 模型最先用于机器翻译，现在已经成为文本生成类任务的主流算法，如文本摘要、对话系统、阅读理解等。相对于统计文本简化方法，神经文本简化方法需要更大规模的训练语料，但其输出的文本更加流畅。本章首先介绍不同机制的 Seq2Seq 的文本简化模型，包含引进强化学习和多任务学习机制；其次，介绍在完全自监督神经网络模型 Transformer 中引入复述规则的文本简化模型；最后介绍一种相对可控的文本简化方法，即程序员-解释器模型。

7.1　概　　述

第 6 章介绍的统计文本简化方法可以很容易地与人工制定的规则和特征集成在一起。当训练样本数据有限时，这类系统也能表现得相对稳定。但是这些规则和特征需要人工去完成，人工制定规则代价比较昂贵。相比之下，神经网络模型不需要特征工程，可以自动学习简化规则。因此，最近几年，更多的文本简化方法基于端到端的模型进行构建。

本章首先介绍基于端到端的模型，它可以将一种语言的文本转换成同种语言或者另外一种语言的文本，广泛用于文本生成类任务。而大部分文本简化系统将句子简化视为一个单语转换任务，即原句子和目标句子都是同一种语言。因此，许多基于端到端的模型被提出。

最先用于文本简化任务的基于端到端的模型都是直接采用神经机器翻译方法。Nisioi 等[214]利用神经机器翻译的框架 OpenNMT 进行文本简化任务。Vu 等[215]利用神经语义编码器(NSE)，并对编码器进行一些改进，采用了一种内存放大的循环神经网络获取句子的隐含表示；实验证明使用神经语义编码器作为编码器和 LSTM 作为解码器可以显著降低原句子的阅读难度，同时保留语法性和原始含义；在 WikiLarge 语料库上进行实验，该方法获得 SARI 得分为 36.88。

如果直接将神经机器翻译模型应用到句子简化上，通常会面临一个问题：

目标句子中的大部分内容来自原句，导致原句中的复杂词没有被替换。因此，一些文本简化方法对目标句子的输出施加一些约束条件，如生成目标句子必须简单、流畅，同时能够保留原句的意思等。为了满足这些约束条件，Zhang等[30]引入强化学习到神经机器翻译模型中，即将机器翻译模型视为一个智能体，该智能体采取一系列的行为，让期望的奖励函数最大。在公开的 WikiLarge 语料库上进行评估，该方法获得 SARI 得分为 37.27。

大多数句子简化系统主要关注将一个长句子拆成若干个较短的句子、删除不重要的单词或短语等操作。除了这些操作外，还应该确保简化后的输出是相对于输入文本的定向逻辑包含，即不会生成一些矛盾或不相关的信息。因此，在 7.4 节将介绍引进多任务学习的文本简化方法[216]，通过引进两个辅助任务(蕴含生成(entailment generation)任务和复述生成任务)提高主任务(句子简化任务)的蕴含能力和复述能力。在 WikiLarge 语料库上进行实验，该方法获得 SARI 得分为 37.45。

序列模型训练需要大量的平行语料，但现有的文本简化语料数量和质量都不能满足要求，导致很多常见的简化情况不能被覆盖。另外，用于句子简化的神经网络模型更易于捕获频繁出现的转换，很难学习到那些重要却不常被观察到的规则。目前，一些能够获取的语义资源可以提供词语简化的知识，如复述知识库 SimplePPDB。Zhao 等[217]将这些类型的资源引入到神经网络模型中，主要是将 Transformer[81]和用于简化的复述知识库 SimplePPDB 进行整合。第一种整合的方法是修改损失函数，鼓励模型应用不常出现的规则。该方法与大多数神经网络一样，使用一块共享内存(即参数)存储从数据中学习到的规则。因此，第一种整合的方法还是更加关注经常出现的规则；第二种整合的方法是利用额外的内存组件来单独维护简化规则，用来防止模型忘记低频规则，并帮助从噪声规则中区分真正的规则。实验证明，第二种方法相对之前所有的神经文本简化模型可以覆盖很多不常使用的简化规则。在 WikiLarge 语料库上进行实验，该方法获得的 SARI 得分达到了 40.45，具体在 7.5 节介绍。

统计文本简化模型和神经文本简化模型都是隐式地学习复杂-简单平行语料中的简化操作。已有平行语料存在的简化操作相对较少，导致复制操作比较多，添加和删除操作比较少，因为复杂句子的很大一部分通常在简化过程中保持不变。因此，神经文本简化方法很容易产生和原句子一样的输出。如果可以显式地学习这些简化操作，前面提到的问题就可以得到改善。7.6 节介绍了 Dong 等[218]提出的一种程序员-解释器模型，显式地学习句中的简化操作。该模型由两部分组成：程序员模块产生一些编辑操作(如“ADD”、

“DELETE”和“KEEP”)；解释器模块执行这些编辑操作，同时维持一个上下文向量和一个编辑指针，以便程序员更好地做出下一次预测。因此，该模型可以通过预测“KEEP”去跳过一些不需要修改的单词，通过预测其他标签让模型关注真正需要修改的部分。通过在 WikiLarge 语料库上进行实验，该方法获得的 SARI 得分达到了 38.22。

7.2 基于神经机器翻译的文本简化

随着神经机器翻译的巨大成功，Wang 等[11]于 2016 年第一次尝试利用神经机器模型翻译解决文本简化任务。但是，由于无大量的平行简化语料，他们并没有验证神经机器翻译在文本简化中的效果。之后，一些工作直接利用神经机器翻译模型进行文本简化任务。

1. NTS

Nisioi 等[214]提出了神经文本简化(neural text simplification, NTS)方法，采用了神经机器翻译的框架 OpenNMT 进行文本简化任务。他们使用 OpenNMT 包默认的参数配置，并结合了预训练的 word2vec 词嵌入模型；还为每个光束搜索生成两个候选假设，使用 BLEU 和 SARI 决定哪个假设是 n 个最佳候选列表中最好的那一个。实验过程中，使用 EW-SEW 进行训练，采用 TurkCorpus 进行验证和测试。当与 PBMT-R 和 SBSMT(PPDB+SARI)进行对比时，NTS 在人类的评估中获得了最高的语法和意义保留得分，SBSMT(PPDB+SARI)仍然获得了最好的 SARI 得分。总体来说，NTS 能够执行仅限于解释和删除转换的简化。显然，选择第二个假设比第一个假设更易于对句子的词语进行修改。

2. NSE

Seq2Seq 模型一般通过 LSTM 或 GRU，将输入序列 $x=\{x_1,x_2,\cdots,x_n\}$ 编码成隐含状态序列 $\{h_1^{\text{enc}},h_2^{\text{enc}},\cdots,h_n^{\text{enc}}\}$。这些体系结构被设计成能够跨序列存储长期依赖关系。然而，由于它们的记忆通常很小，不能很好地处理长而复杂的句子的简化任务。RNN 计算隐含状态 h_t^{enc} 都是基于前面的单词，而不考虑该词之后的单词。考虑到之后的单词也包含有用的信息，一些方法使用双向 RNN 获取隐含表示。本节介绍一种不同于双向 RNN 的方法获取句子的隐含状态。为此，Vu 等[215]提出的 NSE 对编码器做了一些变化，采用了一种内存放大的循环神经网络获取句子的隐含表示。

在每一个编码时刻 t，NSE 都会计算一个记忆矩阵 $M_t \in \Re^{n \times D}$，其中 D 是词向量的维度，n 是输入句子中词语的数目。这个矩阵是用词向量初始化的，并随着时间的推移通过 NSE 的函数进行优化，以更好地理解输入序列。NSE 架构如图 7.1 所示。

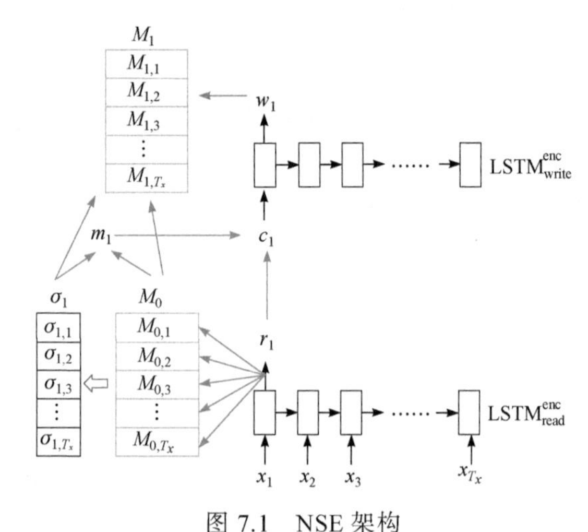

图 7.1　NSE 架构

具体地，通过 read 函数依次读取 tokens $x_{1:n}$：

$$r_t = \Gamma^{\text{enc}}_{\text{read}}(r_{t-1}, x_t) \tag{7.1}$$

其中，$\Gamma^{\text{enc}}_{\text{read}}$ 是一个 LSTM 网络；$r_t \in \Re^D$ 是 t 时刻的隐含状态。然后，通过 compose 函数联合 r_t 和利用上一时间点记忆矩阵 M_{t-1} 内存信息获得相关信息：

$$c_t = \Gamma^{\text{enc}}_{\text{compose}}(r_t, m_t) \tag{7.2}$$

其中，$\Gamma^{\text{enc}}_{\text{compose}}$ 是只有一层隐藏层的多层感知机；$c_t \in \Re^{2D}$ 是输出向量；$m_t \in \Re^D$ 是通过权重 $\sigma_{t,i} \in \Re$ 对记忆矩阵 M_{t-1} 的内容进行线性组合：

$$m_t = \sum_{i=1}^{n} \sigma_{t,i} M_{t-1,i}, \quad \sigma_{t,i} = \frac{\exp(r_t \odot M_{t-1,i})}{\sum_{j=1}^{n} \exp(r_t \odot M_{t-1,j})} \tag{7.3}$$

其中，$M_{t-1,i} \in \Re^D$ 是在 $t-1$ 时刻记忆矩阵的第 i 行。

使用 write 函数将 c_t 映射到编码器的输出空间：

$$w_t = \Gamma^{\text{enc}}_{\text{write}}(w_{t-1}, c_t) \tag{7.4}$$

其中，$\Gamma_{\text{write}}^{\text{enc}}$ 是一个 LSTM 网络；$w_t \in \Re^D$ 是 t 时刻的隐含状态。

使用式(7.5)更新记忆矩阵：

$$M_{t,i} = (1-\sigma_{t,i})M_{t-1,i} + \sigma_{t,i}w_t \tag{7.5}$$

可以发现 $\sigma_{t,i}$ 一方面控制着删除原有内容的程度，另一方面控制着新内容被写入的程度。

NSE 可以不受限制地访问存储在内存中的整个源序列。这样，编码器在对每个词进行编码时可以关注句子中所有的词。序列 $\{w_1, w_2, \cdots, w_n\}$ 被用作 2.3 节中的 $\{h_1^{\text{enc}}, h_2^{\text{enc}} \cdots, h_n^{\text{enc}}\}$ 序列。

7.3　强化学习机制

在句子简化任务中，简化句子中的很多词都是从原句子直接复制的。大多数 Seq2Seq 模型都学会了复制操作，却忽略文本简化的其他操作，如替换、删除等。为此，Zhang 等[30]在 Seq2Seq 模型中引入了强化学习机制，鼓励模型进行大量的重写操作，同时保留原句子的流畅性和语义。该模型架构如图 7.2 所示。该方法将 Seq2Seq 模型视为一个智能体，针对输入的原句子 x，在解码器的每一步，根据策略 $p_{\text{RL}}(\hat{y}_t \mid \hat{y}_{1:t-1}, x)$ (式(2.6))，选择一个动作 $\hat{y}_t \in V$ (V 是输出的词汇表)。该智能体在解码器中会一直采取动作，直到产生句子的结束标志(end of sentence, EOS)时结束，此时产生的动作序列为模型的简化输出 $\hat{y} = (\hat{y}_1, \hat{y}_2, \cdots, \hat{y}_{|\hat{Y}|})$。智能体每采取一个动作会收到一个奖励，这些奖励被强化学习算法用于更新智能体。

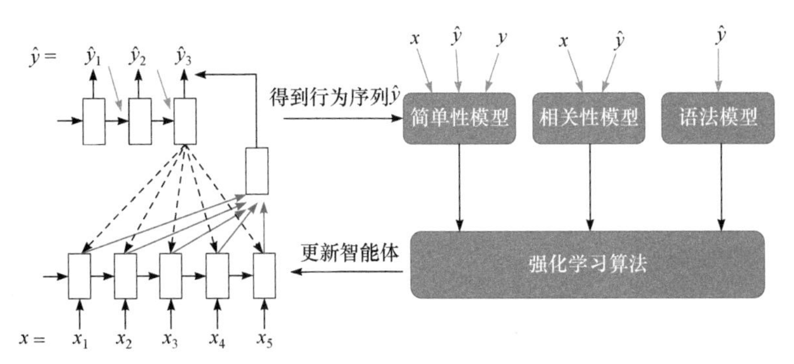

图 7.2　基于强化学习的 Seq2Seq 模型框架

该模型输出 $\hat{y}$ 的奖励 $r(\hat{y})$ 是三部分的加权求和，用来捕获目标句子的简

单性、相关性和流畅性。$r(\hat{y})$ 的计算公式为

$$r(x,y,\hat{y}) = \lambda^S r^S(x,y,\hat{y}) + \lambda^R r^R(x,y,\hat{y}) + \lambda^F r^F(x,y,\hat{y}) \tag{7.6}$$

式中，λ^S 、λ^R 和 $\lambda^F \in [0,1]$；x 为原句子；y 为参考句子(目标句子)；$\hat{y}$ 为系统的输出；$r^S(\cdot)$ 为简单性奖励；$r^R(\cdot)$ 为相关性奖励；$r^F(\cdot)$ 为流畅性奖励。

1. 简单性

为了鼓励模型进行大范围的简化操作，使用文本简化评估指标 SARI 进行输出句子的简单性评估。考虑到训练的平行语料库包含大量噪声，为了抵消噪声的影响，可以在预期的方向上应用 $S_{\text{SARI}}(x,y,\hat{y})$，然后交换 y 和 $\hat{y}$ 得到 $S_{\text{SARI}}(x,\hat{y},y)$。反向的 $S_{\text{SARI}}(x,\hat{y},y)$ 可以衡量参考句子相对于系统输出句子的好坏。因此，简单性奖励是 $S_{\text{SARI}}(x,y,\hat{y})$ 和 $S_{\text{SARI}}(x,\hat{y},y)$ 的加权求和：

$$r^S = \beta S_{\text{SARI}}(x,y,\hat{y}) + (1-\beta) S_{\text{SARI}}(x,\hat{y},y) \tag{7.7}$$

2. 相关性

相关性奖励 r^R 是为了确保生成的句子能够保留原句子的意思。该方法通过获取原句子和目标句子的语义相似性进行衡量。通过利用神经网络分布获取原句子和目标句子的向量表示，然后计算两者之间的余弦相似度。该方法使用序列自编码器[219]从平行语料中学习一个 LSTM 句子编码器，然后用这个编码器将原句子 x 和系统输出的句子 $\hat{y}$ 转成两个向量 q_X 和 $q_{\hat{Y}}$。相关性奖励 r^R 可以简化为这两个向量的余弦相似度，计算方法为

$$r^R = \cos(q_X, q_{\hat{Y}}) = \frac{q_X \cdot q_{\hat{Y}}}{\|q_X\| \|q_{\hat{Y}}\|} \tag{7.8}$$

3. 流畅性

流畅性奖励 r^F 对输出句子的流畅性进行了显式建模。该方法利用在简单句子训练的 LSTM 语言模型计算输出句子的产生概率，计算公式为

$$r^F = \exp\left(\frac{1}{|\hat{Y}|} \sum_{i=1}^{|\hat{Y}|} \ln P_{\text{LM}}(\hat{y}_i \mid \hat{y}_{0:i-1}) \right) \tag{7.9}$$

其中，为了确保 r^F 与 r^S 和 r^R 取值范围一样，即 $r^F \in [0,1]$，采用了对 $\hat{Y}$ 的困惑

度(perplexity)进行求指数运算。

强化学习的目标是寻找一个能使期望奖励最大化的智能体。因此，一个序列的训练损失是它的负期望奖励：

$$\mathcal{L}(\theta)=-\mathbb{E}_{(\hat{y}_1,\hat{y}_2,\cdots,\hat{y}_{|\hat{Y}|})\sim P_{\mathrm{RL}}(\cdot|X)}[r(\hat{y}_1,\hat{y}_2,\cdots,\hat{y}_{|\hat{Y}|})] \tag{7.10}$$

其中，P_{RL} 是采用的策略，即编码器-解码器模型计算出的概率分布；$r(\hat{y}_1,\hat{y}_2,\cdots,\hat{y}_{|\hat{Y}|})$ 是生成简单句子的奖励函数。考虑到有无限种可能的动作序列 $(\hat{y}_1,\hat{y}_2,\cdots,\hat{y}_{|\hat{Y}|})$，计算期望值是非常困难的。该方法使用单个样本的 $P_{\mathrm{LM}}(\cdot|X)$ 概率分布近似该期望值。$\mathcal{L}(\theta)$ 的梯度为

$$\nabla\mathcal{L}(\theta)\approx\sum_{t=1}^{|\hat{Y}|}\nabla\ln P_{\mathrm{RL}}(\hat{y}_t\mid\hat{y}_{1:t-1},X)[r(\hat{y}_{1:|\hat{Y}|})-b_t] \tag{7.11}$$

其中，线性规划 b_t 是为了在 t 时刻估计未来的奖励。

7.4　多任务学习

多任务学习(multi-task learning)和 Seq2Seq 模型相结合也被用来进行文本简化[216]。多任务学习旨在用其他相关任务来提升主要任务的泛化能力，简单来说，多任务学习是一种集成方法(ensemble approach)，通过对几个任务同时训练而使得多个任务互相影响。多个任务共享一个神经网络结构，这个结构里面的参数在优化时会被所有任务影响。这样在所有任务收敛时，这个结构就相当于融合了所有任务，模型的泛化能力一般而言是比单任务训练的模型要好。如图 7.3 所示，除了主任务文本简化外，基于多任务学习的文本简化模型联合了另外两个任务，即复述生成和蕴含生成。

复述生成任务是通过重新排序和修改句法或词汇的方法，生成意思相近的短语或者句子。复述生成是句子简化常见操作之一，用更加简单的复述形式替换复杂词和短语。因此，可以通过共享复述生成任务和句子简化任务中的较低层，即词汇-句法层，将这种知识添加到句子简化任务中。

蕴含生成任务是给出一个前提，生成所蕴含的假设。一个好的简化语句应该被原语句所蕴含。因此，可以通过共享蕴含生成任务和句子简化任务的较高层，即语义层，将这种知识整合到句子简化模型中。

一般说来，Seq2Seq 模型中编码器的低层(离输入较近)学习表示词的结构，而高层(离输入较远)更关注语义和意义。基于这些发现，由于蕴含生成任务擅长较高层次、全文的逻辑推理，该模型共享句子简化和蕴含生成的较高

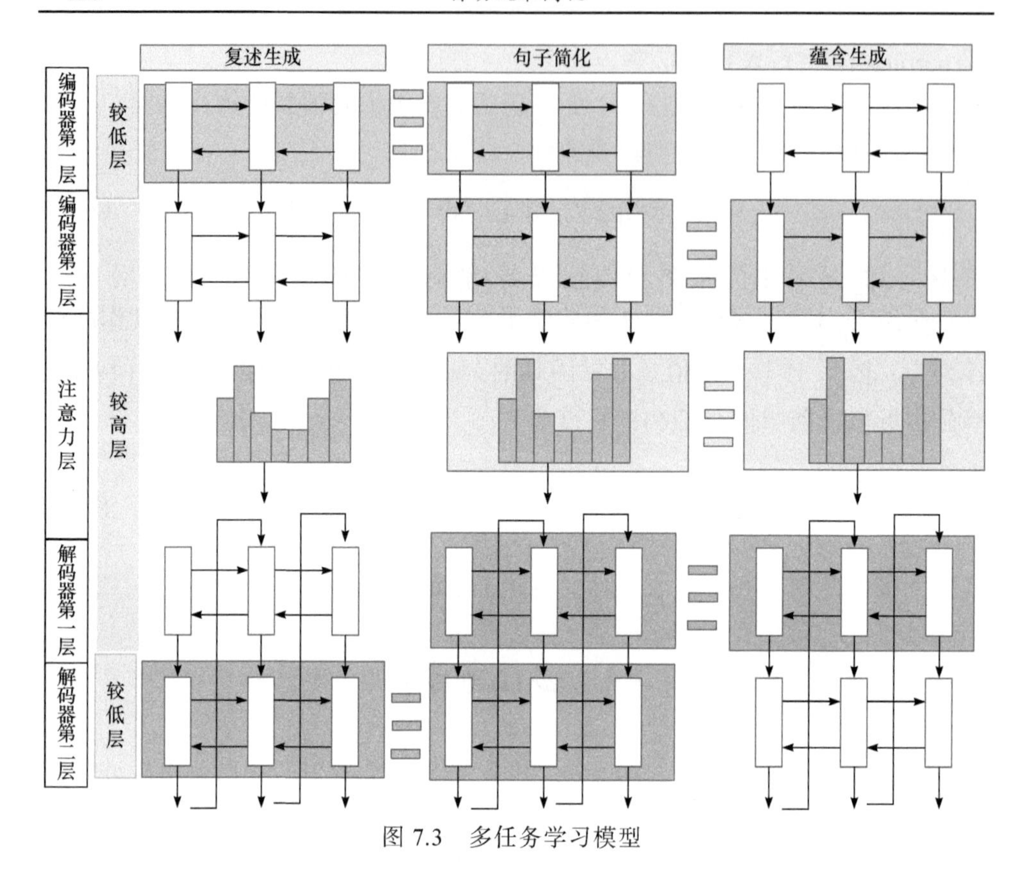

图 7.3　多任务学习模型

层。复述生成任务擅长较低层的中间单词或者短语表示，该模型共享句子简化和复述生成的较低层。

在多任务学习中，可以通过硬共享或者软共享相应层之间的参数。硬共享直接将相应层的参数绑定，这给主模型施加了很强的约束和先验，以压缩来自不同任务的知识；而软共享是松散地耦合这些参数，鼓励在表示空间更加接近。相比之下，软共享更加灵活，可以让不同任务选择要共享的参数。该模型将要共享的参数通过 L2 正则项距离添加到交叉熵损失函数中。因此，主要任务与相关辅助任务的最终损失函数定义如下：

$$L_\theta = -\ln P_f(y \mid x;\theta) + \lambda \left\| \theta_s - \phi_s \right\| \tag{7.12}$$

式中，θ 表示主任务(句子简化模型)的完整参数；θ_s 和 ϕ_s 分别表示主任务和辅助任务之间共享的参数；λ 是一个超参数。

多任务的训练可以通过依次优化文本简化、蕴含生成和复述生成的小批量样本进行，直到所有的模型都拟合完成。

7.5 复述规则

Transformer 模型最先用来解决机器翻译问题。Zhao 等[217]应用 Transformer 模型解决文本简化问题。为了让 Transformer 模型学习到简化 PPDB 中的一些规则，Zhao 等提出了一种深度批判句子简化(deep critic sentence simplification, DCSS)模型，还提出了一种深度记忆增强句子简化(deep memory augmented sentence simplification, DMASS)模型。下面分别介绍这两个模型。

1. DCSS

DCSS 通过修改损失函数，让模型尽可能地应用那些不经常出现的规则。例如，给定一个复杂句子“the recipient of the Kate Greenaway medal”(凯特 · 格林纳威勋章的获得者)，对应的简化句子是 “the winner of the Kate Greenaway medal” (凯特 · 格林纳威勋章的获得者)，其中 “recipient” 被 PPDB 识别出来并简化为“winner”。损失函数的主要目标应该帮助模型生成简单词“winner”，同时抑制模型生成“recipient”，即新的损失函数应该最大化生成简化形式(如单词 “winner”)的概率，同时减小生成原词(如单词 “recipient”)的概率。该损失函数实现公式为

$$L_{\text{critic}} = \begin{cases} -w_{\text{rule}} \ln P(\text{winner} \mid I, \theta), & \text{模型生成“recipient”} \quad (7.13) \\ w_{\text{rule}} \ln P(\text{recipient} \mid I, \theta), & \text{模型生成“winner”} \quad (7.14) \end{cases}$$

式中，w_{rule} 为简化的 PPDB 提供的简化规则的权重。

L_{critic} 仅仅关注被简化 PPDB 识别的词语，L_{seq} 关注所有的词语(查看 2.3.3 节)。所以，DCSS 采用基于端到端的模型，通过交替最小化 L_{critic} 和 L_{seq} 优化网络参数值。

2. DMASS

与已有的神经网络模型一样，DCSS 仍然使用一块共享内存(即参数)存储从数据中学习到的规则。因此，DCSS 也是更加关注经常出现的规则和忽视不常出现的规则。为此，他们提出了一种基于动态存储器的 DMASS 方法。该存储器用来记录简单 PPDB 中每条规则的多个键值(key-value)对，如图 7.4 所示。

给定同样的复杂句 “the recipient of the Kate Greenaway medal” ，编码器将该句子表示成一个隐含状态序列 $\{h_{(1,L)}^{\text{enc}}, h_{(2,L)}^{\text{enc}}, h_{(3,L)}^{\text{enc}}, \cdots\}$ ，其中 L 是编码器最后

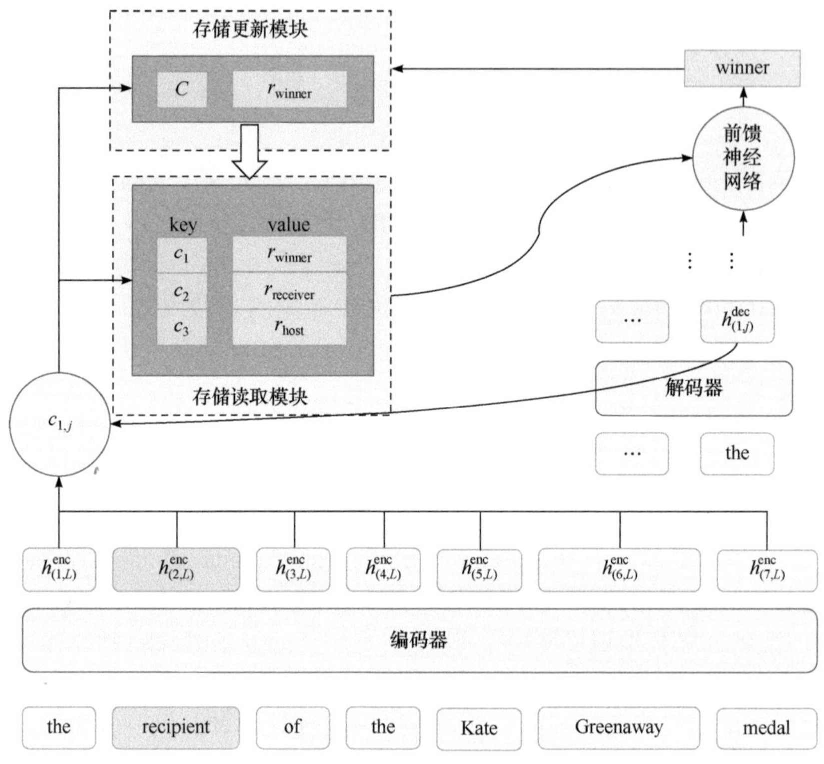

图 7.4　深度记忆增强句子简化模型

一层。当给定当前词“the”，预测简化句子下一个词时，解码器第 j 层表示先前词作为隐含状态 $[h^{\text{dec}}_{(1,j)},\cdots]$。$c_{1,j}$ 表示解码器基于 $h^{\text{dec}}_{(1,j)}$ 获取原句子的上下文向量。然后，前馈神经网络联合解码器的输出和“存储读取模块”的输出获取最后的预测输出 r_{winner}。除了词预测，$c_{1,j}$ 和 r_{winner} 将被送到“存储更新模块”。下面将详细介绍“存储读取模块”和“存储更新模块”。

(1) 存储读取模块通过融入规则进行预测。如图 7.4 所示，目前的存储空间中包含词语“recipient”的三个候选规则，分别表示该词可以简化为“winner”、“receiver”和“host”。当前的上下文向量 $c_{1,j}$ 作为搜索项，利用式(7.15)从存储读取模型搜索合适的候选规则：

$$\alpha_i^r = \frac{e_i}{\sum_j e_j}, \quad e_i = \exp(c_{1,j} \cdot c_i) \tag{7.15}$$

其中，c_i 为每条候选规则的 key 向量；α_i^r 为第 i 条规则的权重，通过当前上下文向量 $c_{1,j}$ 和 c_i 之间的点积计算得到。得到每条规则的权重后，可以对每条规则的 value 向量进行加权，得到存储器模块的输出 r_0：

$$r_0 = \sum \alpha_i^r r_r, \quad r_r \in [r_{\text{winner}}, r_{\text{receiver}}, r_{\text{host}}] \tag{7.16}$$

(2) 存储更新模块的任务是更新存储模块的 key-value 对。当模型预测出 r_{winner} 后，将 r_{winner} 和当前的上下文向量 $c_{1,j}$ 一起送入存储更新模块。如果存储中不包含该 key-value 对，那么 $c_{1,j}$ 和 r_{winner} 将会被追加到存储中；若存储器已经包含了该 key-value 对，那么 key 向量将会被更新为当前的 key 向量和 $c_{1,j}$ 的平均值，同时 value 向量也将会被更新为当前 value 向量和 r_{winner} 的平均值。

7.6 程序员-解释器模型

考虑到 Seq2Seq 模型的文本简化方法很难解释简化的过程，Dong 等[218]提出一种基于程序员-解释器的神经网络模型 EditNTS。

7.6.1 EditNTS

EditNTS 通过隐式地预测一些编辑操作，告诉模型有哪些单词需要被保留，哪些单词应该被删除，应该添加什么单词，从而达到简化的效果。程序员-解释器模型[217]可以显式地去预测输入句子中的各个部分，执行的具体操作有增加(ADD)、删除(DELETE)、保留(KEEP)和停止(STOP)。

给定原句子 $x=\{x_1,x_2,\cdots,x_n\}$ 和目标句子 $y=\{y_1,y_2,\cdots,y_m\}$，EditNTS 通过明确地学习简化操作来进行文本简化，整体架构如图 7.5 所示。

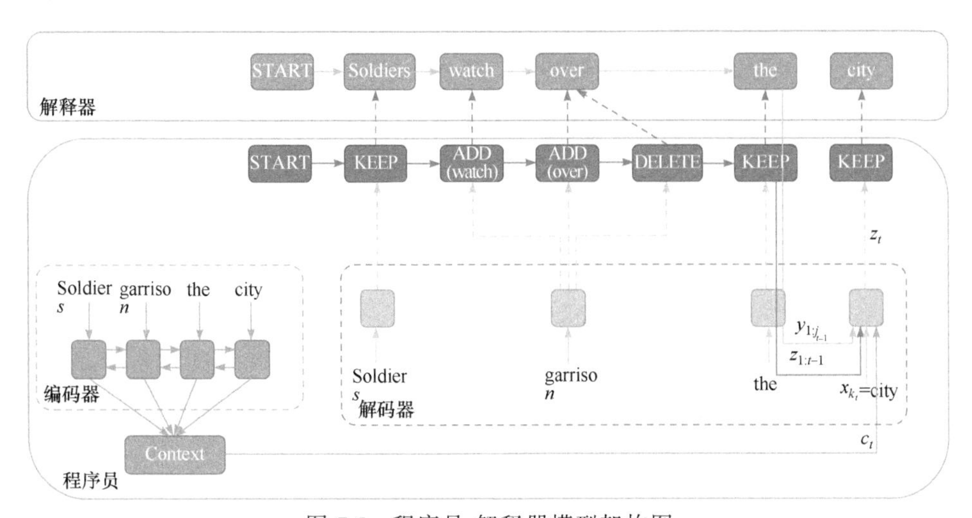

图 7.5 程序员-解释器模型架构图

编辑操作 z 的序列是由给定的原句子 x 和 y 共同决定的。例如，复杂句子 $x=\{x_1,x_2,\cdots,x_n\}$ 为“['the'，'line'，'between'，'combat'，'is'，'getting'，'blurry']”，对应的简单句子 $y=\{y_1,y_2,\cdots,y_m\}$ 为“['war'，'is'，'changing']”，采用编辑标签创建方法(7.6.3 节)生成用于训练的程序编辑序列 $z=\{z_1,z_2,\cdots,z_k\}$ 为“[ADD('war'), DELETE, DELETE, DELETE, DELETE, KEEP, ADD('change'), DELETE, DELETE]”。

因此，EditNTS 通过使用程序员、解释器和编辑指针对条件分布 $p(z|x)$进行建模来学习简化：

$$p(z\,|\,x)=\prod_{t=1}^{z}p(z_t\,|\,y_{1:j_{t-1}},z_{1:t-1},x_{k_t},x) \tag{7.17}$$

在时间步骤 t，程序员基于以下信息决定由编辑指针分配的单词 x_{k_t} 的编辑操作 z_t：①已编辑文本的摘要 $y_{1:j_{t-1}}$；②先前产生的编辑操作 $z_{1:t-1}$；③复杂句子 x。解释器之后将编辑操作 z_t 执行到一个简化的标记 y_{j_t} 中，并基于 $y_{1:j_t}$ 更新解释器上下文，以便在下一个时间步帮助程序员。模型被训练成最大化式(7.17)，其中 z 是在 7.6.3 节中创建的编辑序列。下面将详细介绍程序员和解释器的组成和功能。

7.6.2 程序员和解释器

程序员使用 Seq2Seq 模型来生成程序(编辑操作序列 z)。编码器将输入句子 x 转换成隐含表示序列 h_i^{enc}。除此之外，还利用了词性标签 $g=\{g_1,g_2\cdots,g_n\}$ 将句子的句法信息注入隐含的表示中。具体的转化过程为

$$h_i^{\text{enc}}=\text{LSTM}^{\text{enc}}([e_1(x_i),e_2(g_i)]) \tag{7.18}$$

其中，$e_1(\cdot)$ 和 $e_2(\cdot)$ 是两个查找表。解码器基于以下信息通过预测下一个编辑标签 P_{edit}(式(7.19))进行训练：①当前需要被编辑单词 x_{k_t} 的向量表示 $h_{k_t}^{\text{enc}}$(式(7.18))；② 之前生成的编辑标签 $z_{1:t-1}$ 的向量表示 h_t^{edit}(式(7.20))；③上下文向量 c_t (式(7.21))。

$$P_{\text{edit}}=\text{softmax}\left(V'\left(\tanh\left(V\left(h_t^{\text{edit}}\right)\right)\right)\right) \tag{7.19}$$

$$h_t^{\text{edit}}=\text{LSTM}^{\text{edit}}\left(\left[h_{k_t}^{\text{enc}},c_t,h_{t-1}^{\text{edit}},h_{t-1}^{\text{int}}\right]\right) \tag{7.20}$$

$$c_t=\sum_{j=1}^{|x|}\alpha_{tj}h_j,\quad \alpha_{tj}=\text{softmax}(h_{k_t},h_j) \tag{7.21}$$

需要注意的是，在程序员模块的计算过程中存在如下三个注意力机制。①c_t：对所有复杂标记利用软注意力机制形成的上下文向量。②k_t：对编辑指针的复杂输入标记的硬注意力机制，决定了解码器在 t 时刻需要编辑的单词下标。该方法强制 k_t 等于先前程序员预测的 KEEP 和 DELETE 数量之和。③j_{t-1}：对训练步骤简单标记的硬注意力机制(该机制用来加速训练过程)，其值等于截止到 $t-1$ 时刻参考标签中 KEEP 和 ADD(W)数量之和。在推理过程中，该模型将不需要该注意力机制，而是根据其预测逐步获得 $y_{1:j_{t-1}}$。

解释器包含如下两个功能。①执行一个无参数的步骤，将程序员预测的编辑操作 z_t 应用于标签 x_{k_t} 上，产生一个新的标签 y_{j_t}。具体的操作执行规则如下：执行 KEEP/DELETE 去保留/删除词语，并且编辑指针将会指向下一个单词；如果编辑操作 z_t 是 ADD(W)，则添加一个新的单词，而编辑指针保留在相同的单词上；如果编辑操作 z_t 是 STOP，则结束编辑操作。②一个 LSTM 解释器(式(7.22))总结了迄今为止由执行器产生的部分输出字序列。LSTM 解释器的输出被提供给程序员，以便生成下一个编辑决策。

由于程序员在产生编辑标签时很少考虑输出序列的上下文，因此解释器应该通过式(7.22)总结部分单词输出序列，将其提供给程序员，以便程序员更好地做出下一个编辑决策。

$$h_t^{\text{int}} = \text{LSTM}^{\text{int}}\left(\left[h_{t-1}^{\text{int}}, y_{j_{t-1}}\right]\right) \tag{7.22}$$

7.6.3　编辑标签创建

与基于神经网络的 Seq2Seq 模型不同，EditNTS 模型需要专家程序进行训练。该方法使用一种类似于无替换的 Levenshtein 距离的动态规划算法来计算最短编辑路径，从而构造从复杂句子到简单句子的专家编辑序列。当存在多个具有相同编辑距离的路径时，将进一步考虑 DELETE 优先于 ADD 的路径。通过这样操作，可以生成一条从复杂句子到简单句子的独特编辑路径，从而减少模型所面临的噪声和方差。7.6.1 节展示了一个创建的编辑标签路径的示例。

7.7　本 章 小 结

本章详细介绍了代表性的利用神经网络模型进行文本简化的方法。这些方法主要分为两类：第一类在已有模型基础上加入文本简化的特征，包括引入强化学习机制、复述规则、程序员-解释器和可控的文本简化；另一类直接使用其他领域(如文本摘要)的 Seq2Seq 模型，包括多任务学习和内存放大的循环神经网络方法。相对于基于规则的方法(第 5 章)和基于统计的方法(第 6 章),基于神经网络的方法由于生成的文本流畅性更好而成为目前研究的主流方法。原句子和简化句子语料库的可用性是学习句法和词汇转换的关键。然而，现有的文本简化语料库要么过于简单，要么过于复杂，要么不适合学习任务。许多文本简化方法使用统计机器翻译模型，当使用平行语料库进行训练时，会产生与输入文本或句子几乎相同的简化。由于不太可能产生大量的简化语料库，未来的方法应该更多地关注无监督或半监督的技术，这些技术能够从少数例子和大量的非简化材料中学习到。

第 8 章　文本简化前沿研究

第 7 章介绍的神经文本简化方法，已经成为主流的文本简化方法。最近更多工作专注于对神经文本简化方法的改进，有些方法刚刚出现还不成熟，但是也引起了广泛的关注。在此，有必要重点介绍文本简化较为前沿的进展，如无监督机器翻译方法[220,221]。相对于统计文本简化和神经文本简化，无监督文本简化不依赖任何标注语料，更易于移植到其他语言和部署到实际系统中。最近几年，通过在海量文本上预测序列中下一个词或一些被掩码的词进行优化的预训练语言模型(如 BERT、XLNet)引起了整个产业界和学术界的轰动。预训练语言模型对文本挖掘和自然语言处理的任务越来越重要，这些模型的参数存储了大量对下游任务有用的语言知识。相对于传统的语言表示模型，预训练语言模型采用了最新的 Transformer 算法，能够获取上下文相关的双向特征表示，并使用了非常大的文本语料，从而能够获取更好的文本表示。尽管这两年预训练语言模型被尝试应用到文本简化当中，并吸引了广泛的关注，但是还远远不够成熟。

8.1　概　　述

第 7 章介绍的有监督的端到端的文本简化系统的有效性严重依赖获取的平行语料的数量和质量。两个公开的从维基百科和简单维基百科中提取的平行语料 WikiSmall 和 WikiLarge 不仅样本数目不多，还包含了很多不准确的简化(没有对齐或仅部分对齐)和不充分的简化(简化句子不够简化)。一些工作指出属于这两种情况的样本至少为 50%[32]。因此，为了解决对平行语料的依赖问题，无监督的文本简化方法开始逐渐引起了大家的关注，本章首先详细介绍已有的无监督文本简化方法。

Surya 等[222]提出了一种无监督神经文本简化(unsupervised neural text simplification, UNTS)方法。该方法的核心框架由一个共享的编码器和一对注意力解码器(复杂句子解码器和简单句子解码器)组成，其核心是增加了对抗损失和多样化损失对简单句子解码器进行优化。该系统也是利用未标记的维基百科语料进行训练。在公开的 WikiLarge 语料库上进行评估，PBMT 和 UNTS 分别获得 SARI 得分为 39.03 和 34.96。

考虑到基于机器翻译的方法很难控制具体的简化操作(删除、重新排序、替换)，Kumar 等[223]提出了一种基于可编辑的无监督句子简化方法。该方法由一个句子打分函数来指导，该函数能够衡量句子的流畅性、简洁性和意义保留性等多个方面。然后，该方法迭代地对复杂的句子执行单词和短语级别的编辑，通过对比编辑后的句子和编辑前的句子的得分决定是否再进行编辑。该方法在 WikiLarge 语料库上进行评估，获取的 SARI 得分为 37.85。

不同受众对文本简化的需求是不一样的。例如，一些失语症患者很难阅读句法结构复杂的长句，第二语言学习者可能无法理解含有罕见词汇的文本。上面介绍文本简化的研究主要是为原文本生成单一通用的简化模型，不能根据不同的目标人群调整输出，最近，关于可控的文本生成工作为文本简化提供了一些帮助。在可控的文本生成工作中，对序列模型进行修改，以控制输出文本的属性。通过考虑输出句子的长度、复述的数量、词汇复杂度和句法复杂度，调整可控的文本生成使用的机制，使其可以用于句子简化。Scarton 等[224]提出了 TargetTS 方法，封装了特定用户的信息到编码器中，如句子分割和句子联合等消息。Martin 等[225]提出一种可控的简化模型，该方法通过在平行语料加入一些可控编码，能够在神经网络方法参数学习过程中提供针对性的指引，可以根据用户的需要来操作和更新简化的输出。在 WikiLarge 语料库上进行实验发现，该方法有非常好的效果，SARI 得分为 41.87。

除了构建无监督的语言模型，一些工作尝试提出无监督的方法构建文本简化语料，以降低对平行语料的需求。Facebook 人工智能研究院的 Martin 等[226]提出了无监督的基于搜索的平行语料构建方法。该方法从公开文本语料中通过匹配技术获取平行语料，然后利用获取的平行语料对 BART 模型进行微调。Lv 等[227]提出了无监督的基于机器翻译的平行语料构建方法，该方法的可行性来自许多语言存在高质量的大规模的翻译语料和神经机器翻译模型更倾向于输出的高频词。具体是通过配对翻译的句子和参考文本构建伪简化语料，并从中选择具有复杂度差异的句子对组成文本简化语料。实验结果表明，通过构建的语料进行训练，文本简化模型的性能远远高于在现有的训练集训练的结果。

除了传统的无监督方法，利用迁移学习技术的文本简化方法也被提出。Mallinson 等[228]提出一种零样本的跨语言句子简化方法，迁移从英语中学习的简化知识到另外一种语言(不存在平行简化语料)，同时进行跨语言和任务的泛化。该方法利用英语文本语料进行德语文本的简化，通过实验验证取得了非常不错的效果。

最后，本章对文本简化还存在的难点和挑战进行了分析与展望，希望有助于对该方法感兴趣的研究人员进行探索。

8.2　无监督神经文本简化方法

Surya 等[222]提出了一种 UNTS 方法，采用了基于端到端的模型。UNTS 方法的框架如图 8.1 所示，它包含一个编码器和两个解码器。将输入序列的词向量 $x = \{x_1, x_2, \cdots, x_m\}$输入到一个共享的编码器，然后将编码器的输出传给两个带注意力机制的解码器(G_s, G_d)，G_s 用来产生一个简单的句子，G_d 用来产生一个复杂的句子。另外，还使用鉴别器(D)和分类器(C)来区分针对两个解码器计算的注意力上下文向量，这里 D 和 C 使用的是基于 CNN 的分类器，D 和 C 共享所有层(除了 softmax 前面的全连接层)。

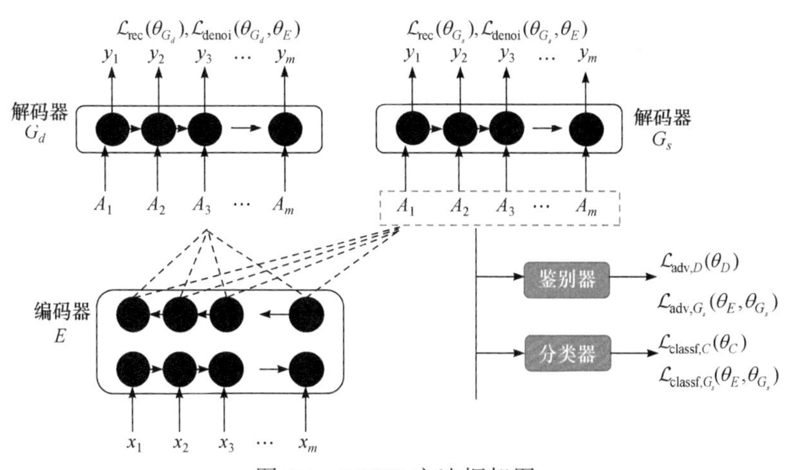

图 8.1　UNTS 方法框架图

考虑到 UNTS 拥有两个解码器，用 $A_{st}(X)$和 $A_{dt}(X)$分别表示不同时刻 $t \in \{1,2,\cdots, m\}$从解码器 G_s 和 G_d 中计算得到的上下文向量。用矩阵 $A_s(X)$和 $A_d(X)$分别表示从解码器 G_s 和 G_d 中计算到的所有时刻上下文向量的序列。用 S 和 U 分别表示简单句子和复杂句子集合，这两个语料库获取的方法和 PBMT 方法一样。X_s 表示从 S 中抽样的一个句子；X_d 表示从 U 中抽样的一个句子；θ_E 表示编码器 E 中的参数；θ_{G_s} 和 θ_{G_d} 分别表示解码器 G_s 和 G_d 中的参数；θ_D 和 θ_C 分别表示鉴别器(D)和分类器(C)模块中的参数。训练该模型对上述参数进行优化，具体如下所述。

1. 重构损失

在 E-G_s 和 E-G_d 路径上都存在重构损失。E-G_s 和 E-G_d 分别被训练用来重构 S 和 U 中的句子。$P_{E\text{-}G_s}$ 和 $P_{E\text{-}G_d}$ 分别表示模型 E-G_s 和 E-G_d 估计输入句子 X

中的重构概率。重构损失表示为 $\mathcal{L}_{\text{rec}}$，计算公式如下：

$$\mathcal{L}_{\text{rec}}(\theta_E,\theta_{G_s},\theta_{G_d}) = -\mathbb{E}_{X_s\sim S}[\ln P_{E\text{-}G_s}(X_s)] - \mathbb{E}_{X_d\sim U}[\ln P_{E\text{-}G_d}(X_d)] \tag{8.1}$$

2. 对抗损失

对抗损失是强加在 G_s 中的上下文向量。该损失的主要思想是，即使对于一个复杂的输入句子，G_s 中提取的上下文向量也应该类似于简单输入句子的上下文向量。鉴别器(D)被训练从“真的”(简单的)上下文向量中区分出“假的”(复杂的)上下文向量。$E\text{-}G_s$ 被训练来迷惑鉴别器 D，并最终在收敛时，学习从复杂的输入语句生成真实的(简单的)上下文向量。针对鉴别器 D 的对抗损失表示为 $\mathcal{L}_{\text{adv},D}$，针对 $E\text{-}G_s$ 的对抗损失表示为 $\mathcal{L}_{\text{adv},G_s}$，具体的计算公式如下：

$$\mathcal{L}_{\text{adv},D}(\theta_D) = -\mathbb{E}_{X_s\sim S}[\ln(D(A_s(X_s)))] - \mathbb{E}_{X_d\sim U}[\ln(1-D(A_s(X_d)))] \tag{8.2}$$

$$\mathcal{L}_{\text{adv},G_s}(\theta_E,\theta_{G_s}) = -\mathbb{E}_{X_d\sim U}\left[\ln(D(A_s(X_d)))\right] \tag{8.3}$$

3. 多样化损失

相对于 G_s 从简单输入句子中提取的上下文向量，分类器 C 对 G_d 从复杂输入句子中提取的上下文向量施加多样化损失，这有助于 $E\text{-}G_s$ 学习生成可与复杂上下文向量区分的简单上下文向量。针对分类器 C 的多样化损失表示为 $\mathcal{L}_{\text{div},C}$，针对 $E\text{-}G_s$ 的多样化损失表示为 $\mathcal{L}_{\text{div},G_s}$，具体的计算公式如下：

$$\mathcal{L}_{\text{div},C}(\theta_C) = -\mathbb{E}_{X_s\sim S}[\ln(C(A_s(X_s)))] - \mathbb{E}_{X_d\sim U}[\ln(1-C(A_d(X_d)))] \tag{8.4}$$

$$\mathcal{L}_{\text{div},G_s}(\theta_E,\theta_{G_s}) = -\mathbb{E}_{X_d\sim U}[\ln(C(A_d(X_d)))] \tag{8.5}$$

4. 去噪

去噪被证明有助于学习从源端到目标端的句法/结构转换。句法转换通常需要对输入进行重新排序，而去噪过程就是为了捕获这些输入。去噪包括任意重新排序输入，并从这些重新排序的输入重建原始(未受干扰的)输入。在 UNTS 中，原语句通过交换输入语句中的二元文法进行重新排序。UNTS 利用以下两个损失函数进行去噪学习。用 $P_{E\text{-}G_s}(X\mid\text{noise}(X))$ 和 $P_{E\text{-}G_d}(X\mid\text{noise}(X))$ 分别表示打乱输入 X 由模型 $E\text{-}G_s$ 和 $E\text{-}G_d$ 重构的概率。模型 $E\text{-}G_s$ 和 $E\text{-}G_d$ 的去噪损失表示为 $\mathcal{L}_{\text{denoi}}(\theta_E, \theta_{G_s},\theta_{G_d})$，计算公式如下：

$$\mathcal{L}_{\text{denoi}}(\theta_E,\theta_{G_s},\theta_{G_d}) = -\mathbb{E}_{X_s\sim S}[\ln P_{E\text{-}G_s}(X_s \mid \text{noise}(X_s))] - \mathbb{E}_{X_d\sim D}[\ln P_{E\text{-}G_d}(X_d \mid \text{noise}(X_d))] \tag{8.6}$$

5. UNTS 方法

UNTS 方法的训练过程如算法 8.1 所示。

算法 8.1　UNTS 训练过程

输入：简化数据集和复杂数据集
初始化阶段
1:　重复执行下面：
2:　　　使用 $\mathcal{L}_{\text{denoi}}$ 更新 $\theta_E, \theta_{G_s}, \theta_{G_d}$
3:　　　使用 $\mathcal{L}_{\text{rec}}$ 更新 θ_E, $\theta_{G_s}, \theta_{G_d}$
4:　　　使用 $\mathcal{L}_{\text{adv},D}$ 和 $\mathcal{L}_{\text{div},C}$ 更新 θ_D, θ_C
5:　直到完成指定的迭代步数
对抗阶段
6:　重复执行下面：
7:　　　使用 $\mathcal{L}_{\text{denoi}}$ 更新 $\theta_E, \theta_{G_s}, \theta_{G_d}$
8:　　　使用 $\mathcal{L}_{\text{rec}}, \mathcal{L}_{\text{adv},G_s}$ 和 $\mathcal{L}_{\text{div},G_s}$ 更新 θ_E, $\theta_{G_s}, \theta_{G_d}$
9:　　　使用 $\mathcal{L}_{\text{adv},D}$ 和 $\mathcal{L}_{\text{div},C}$ 更新 θ_D, θ_C
10: 直到完成指定的迭代步数

初始化阶段，使用重构损失和去噪损失训练 $E\text{-}G_s$ 和 $E\text{-}G_d$ 模型。然后使用对抗损失和多样化损失训练 D 和 C，但是这些损失并没有用来更新解码器，这就给了鉴别器、分类器和解码器相互独立学习的时间。在对抗阶段，除了去噪和重构损失外，还引入了对抗损失和多样化损失，用于对编码器和解码器进行微调。算法 8.1 的目的是产生以下结果：①$E\text{-}G_s$ 应该简化它的输入(不管它是简单的还是复杂的)；②$E\text{-}G_d$ 应该充当复杂句子的自动编码器。鉴别器和分类器通过对注意力上下文向量的适当微调，保存每个路径所需的适当语义的信息。

8.3　无监督可编辑的文本简化方法

Kumar 等[223]提出了一种基于可编辑的文本简化方法。给定一个输入的复杂句子，该方法迭代地执行编辑操作以搜索得分较高的候选句子，其中每一次迭代执行的编辑有删除、提取、重新排序和替代，计算候选句子的得分考虑了语言模型、相似度、长度和实体四个特征。

在每次迭代过程中，每一个编辑操作可以有多个候选。例如，句子中的词有多个可选的替代。在每次迭代过程中，如果候选句子的得分相对于上一个句子的得分高于一个阈值 r_{op}(式(8.7))，该候选句子才被保留；否则，该候选句子就被过滤掉。

$$f(c)/f(s) > r_{op} \tag{8.7}$$

其中，s 是先前迭代给定的句子；c 是在 s 的基础上编辑后产生的候选句子。

该方法从那些没有被过滤掉的句子中选择得分最高的句子。如果没有编辑操作得分超过阈值，该算法就会终止，最后的候选句子就是生成的简化句。下面将详细阐述如何计算句子得分和产生候选句子。

1. 计算句子得分

利用句法语言模型得分、余弦相似度得分、实体得分、句子长度得分和句子可读性得分几个特征对句子进行打分。

(1) 句法语言模型得分(f_{eslor})：测量一个候选句子的语言流畅性和结构简单性，选择句法对数优势比(syntactic log-odds ratio, SLOR)进行计算。相对于其他基于概率的得分函数，SLOR 更符合人们对句子的可接受评价。给定一个训练的语言模型(LM)和一个句子 s，SLOR 的计算公式如下：

$$\text{SLOR}(s) = \frac{1}{|s|}(\ln(P_{\text{LM}}(s)) - \ln(P_U(s))) \tag{8.8}$$

其中，P_{LM} 是语言模型计算句子的产生概率；$P_U(s) = \prod_{w \in s} P(w)$ 是句子中每个词语 w 一元文法概率的内积；$|s|$是句子的长度。

SLOR 本质上是利用一元文法似然概率和句子长度来惩罚一个普通语言模型产生的概率，以保证句子的流畅度不会因为出现稀有词而受到惩罚。例如，即使两个句子“I went to England for vacation”(我去英格兰度假)和“I went to Senegal for vacation”(我去塞内加尔度假)都是非常流畅的句子，标准的语言模型会给前面一句更高的得分，因为“England”(英格兰)比“Senegal”(塞内加尔)出现更频繁。在简化过程中，SLOR 更适合保存稀有单词，如命名实体。

P_{LM} 选择的是基于句法的语言模型，除了词之外，词性和依存标签也被一起输入到语言模型中。给定一个词语 w_i，输入到句法语言模型 LM 的是 $[e(w_i); p(w_i); d(w_i)]$，其中 $e(w_i)$是词向量，$p(w_i)$是词性标签向量，$d(w_i)$是依存标签向量。需要强调的是，这里的语言模型是在简单句子语料中进行训练的。

(2) 余弦相似度得分($f_{\cos}$)：用来计算候选句子和原句子的语义关系，以衡量原始意义的保存。这里句子表示采用的是句子向量模型，获取每个词语的向量表示后，通过每个词语的 IDF 值进行加权，获取句子的向量表示。该方法采用了一种简单的测量方法，如果候选词句子和原句子的相似度大于阈值，则 $f_{\cos}(s)=1$，否则，$f_{\cos}(s)=0$。

(3) 实体得分(f_{entity})：实体有助于识别句子的关键信息，是衡量句意保留的重要特征。该方法将句子中的实体数量作为评分函数的一部分，其中实体由第三方实体进行检测。

(4) 句子长度得分(f_{len})：f_{len} 与句子长度的倒数成正比，迫使模型生成更短更简单的句子。但是，为了防止过度缩短，该指标拒绝短于指定长度(6 个词)的句子。

(5) 句子可读性得分(f_{fre})：句子可读性公式被用来计算候选字的可读性。更高的得分意味着句子更简单。

获取以上 5 个特征的候选句子得分后，候选句子的总得分利用式(8.9)计算得到：

$$f(s)=f_{\text{eslor}}^{\alpha}(s)\times f_{\text{fre}}^{\beta}(s)\times\left(\frac{1}{f_{\text{len}}(s)}\right)^{\gamma}\times f_{\text{entity}}^{\delta}(s)\times f_{\cos}(s) \tag{8.9}$$

其中，权重 α、β、γ、δ 用来平衡不同得分的重要性。余弦相似度不需要权重，是一个硬指标函数。权重的值可以在不同语料库上通过实验调整。

2. 产生候选句子

该方法通过编辑单词和短语来生成候选句子。使用第三方句法分析器获取原语句的依存树结构。每个子句和短语级成分(如 S、VP 和 NP)都被视为一个短语。由于句子成分可以出现在依存树中的任何深度，该方法选择处理不同粒度的长短语和短短语。对于每个短语，用以下介绍的编辑操作产生候选句子。

(1) 删除：对于句法分析器检测到的每个短语，此操作通过从原语句中删除该短语来生成一个新的候选语句。删除操作主要删除句子中的一些外围信息，以达到减少内容的目的。

(2) 提取：此操作只提取一个选定的短语(包括一个从句)作为候选句子。

这个操作允许选择句子中的主句，删除剩余的外围信息。

(3) 重新排序：对于句子中的每个短语，通过移到另一个短语之前或之后来生成候选句子。

(4) 词语简化：针对每一个短语，根据 IDF 评分确定最复杂的词语。对于选定的复杂词，使用第 4 章介绍的方法生成候选替代词。首先，生成候选替代词包含两种方法，第一种是利用 WordNet 生成同义词，第二种是利用词嵌入模型选择与复杂词最相似的词语。然后，基于以下条件判断候选替代词是否是合适的简化替代词：①候选替代词具有更低的 IDF 得分；②候选替代词不是复杂词的词形变化；③候选替代词的词向量和复杂词的词向量之间的余弦相似度大于指定阈值；④候选替代词和复杂词具有相同的词性标签和依存标签。用所有合格的候选替代词替换复杂词，生成候选句子。值得注意的是，不替换由实体标记器标识的实体词。

相对于先前的方法，该方法的优势是更可控和更容易解释，不依靠平行语料。该方法的缺点是运行时间较长，整体性能不是特别好。

8.4 可控的句子简化方法

这一类方法在不改变模型框架的基础之上，通过对输入句子前添加一些指定字符来影响神经网络模型的学习过程。

8.4.1 TargetTS

为了简化系统的输出能满足特定用户的需求，Scarton 等[224]封装了特定用户的信息到编码器中。TargetTS 方法在不需要额外资源以及修改训练目标函数的情况下，添加一个特殊字符到原句子的起始位置，就可以提高 Seq2Seq 模型的性能。添加的符号包含信息如下所述。

(1) 等级符号(to-grade)：简化示例的等级。

(2) 以下四种可能的文本转换中的一个。

① 相同(identical)：一个原句子与它自己对齐，即不进行简化。

② 精简(elaboration)：一个原句子与一个重写的简化句子对齐。

③ 拆分(splitting)：一个原句子与两个或者更多个简化句子对齐。

④ 连接(joining)：两个或者更多原句子与单个简化句子对齐。

实验过程中使用了 Newsela 语料库，该语料库包含了相应的等级。例如，一个平行句子对来自等级 4 的复杂句子“dusty handprints stood out against the rust of the fence near Sasabe.”和来自等级 2 的简化句子“dusty handprints could be seen on the fence near Sasabe.”。在训练过程中，可以进行下面一系列的转化对输入句子预处理，生成训练的平行语料。

转化为等级 4：<4> dusty handprints stood out against the rust of the fence near Sasabe.

转化为等级 2：<2> dusty handprints stood out against the rust of the fence near Sasabe.

操作：< identical > dusty handprints stood out against the rust of the fence near Sasabe.

操作：< elaboration> dusty handprints stood out against the rust of the fence near Sasabe.

等级加操作：< 4-identical > dusty handprints stood out against the rust of the fence near Sasabe.

等级加操作：< 2-elaboration > dusty handprints stood out against the rust of the fence near Sasabe.

在推理阶段，文本转化的标记通过分类方法进行预测(该方法采用的是朴素贝叶斯分类器)，或者使用人工给定的标签。在实验过程中，他们采用神经机器翻译包 OpenNMT 在 Newsela 语料库进行评估。

8.4.2　ACCESS

Martin 等[225]也提出一种可控文本简化的方法 ACCESS，但是引入了不同的可控参数。

ACCESS 引入了四种标记，用于添加到原句子的起始位置，以影响模型参数，分别如下所示。

(1) NbChars：复杂句子和简化句子的字符数目的比率。此参数用于句子压缩和内容删除。以前的研究表明，简单性与基于长度的度量最为相关，尤其是在字符数量方面。字符数量确实决定了单词的长度，而长度本身又与词汇的复杂性有关。

(2) LevSim：原句子和简化句子之间的标准化字符级 Levenshtein 相似度。LevSim 量化了对原句的修改量(通过复述、添加和删除内容)。

(3) WordRank：词语复杂性度量的一种方式。这里计算一个句子级别的度量，通过取一个句子中所有词频对数的第三个四分位数，其中选择的词频度量是使用逆句子频率。然后，将目标的 WordRank 除以源的 WordRank 得到一个比率。词频是评估词语简化的最佳指标之一(4.3 节介绍)。

(4) DepTreeDepth：源依赖树除以目标依赖树的最大深度。这个参数被设计成近似于语法复杂度。较深的依赖树意味着跨越更长的、可能更复杂的句子的依赖关系。DepTreeDepth 在早期的实验中被证明能比其他候选方法更好地度量句法复杂度。

例如，可以在原句子起始位置添加特殊字符“〈NbChars_0.3〉”控制词语的复杂度，其中 0.3 表示原句子与目标句子字符个数的压缩比，如表 8.1 所示。此外，还可以添加特殊字符“〈LevSim_0.4〉”对原句的修改量(改述、添加和删除)进行量化，其中 0.4 表示原句子与目标句子归一化的字符级别的编辑距离相似度。为了控制单词复杂度，可以添加特殊字符“〈WordRank_0.5〉”，一个句子的 WordRank 值通过计算句子所有单词频率的 log-ranks，然后取第三个四分位数。句法结构复杂度通过添加特殊字符“〈DepTreeDepth_0.3〉”，一个句子的 DepTreeDepth 可以表示为其依赖树的最大深度，因为较深的依赖树往往意味着该句子比较复杂。需要注意的是，这些数字(0.3、0.4 和 0.5)都可以在训练过程中根据结果自行进行调整。

表 8.1　字符数量参数化的示例

原句子	〈NbChars_0.3〉〈LevSim_0.4〉He settled in London, devoting himself chiefly to practical teaching.
目标句子	He teaches in London.

在推理阶段，ACCESS 只需将所有样本的比率设置为一个固定值。例如，为了得到源代码长度 80%的简化，在每个原语句前面加上标记〈NbChars_0.8〉。此固定比率可以由用户定义或自动设置。在该方法中，ACCESS 选择固定比率来最大化验证集中的 SARI。

8.5　无监督的文本平行简化语料构造

除了对模型进行改进，平行语料的构造和扩充也一直是一个热点的研究方向。因此，考虑到当前的文本平行简化语料的规模不大和质量不高等特征，一些工作专注于怎么构造文本平行简化语料。

8.5.1　基于搜索的平行语料构造

Martin 等[226]提出一种无监督的文本平行简化语料构造方法。该方法自动从已有的原始文本语料中构建了平行语料。该方法使用如 LASER[229]和

FAISS[230]等库从 CCNET 英文语料中挖掘大量复述(平行语料)。然后，利用可控的生成机制和无监督的预训练语言模型 BART 以及上一步获取的平行语料来训练高质量的简化模型。

该方法先从 CCNET 中提取一些序列，这里 CCNET 是从网络内容快照 Common Crawl①中提取的，序列指的是连续的多个句子。采用 LASER 工具获取每个序列的 n 维句子嵌入，其中 LASER 是一种多语种的句子嵌入模型，被训练成将意义相似的句子映射到嵌入空间的同一位置。使用 FAISS 库创建一个包含所有这些句子向量的索引。FAISS 索引是一种数据结构，可以存储大量的向量，并为在索引中搜索最近邻提供了一个快速有效的接口。

对于每种语言的序列，在创建 10 亿级索引之后，他们使用与查询相同的 10 亿序列来识别索引中的潜在复述。根据索引对每个序列进行查询，并根据语义 LASER 嵌入空间计算序列的欧氏距离，返回一组 top-k 最近邻序列。这些最近邻是查询语句的候选复述。应用额外的过滤器来去除质量差的对齐复述。例如，当它们几乎完全相同时，或者当它们彼此包含时，或者当它们从同一原始文档的两个连续重叠的滑动窗口中提取时。剩下来的对齐复述作为平行语料，用来训练有监督的神经网络模型。

获取语料后，采用了 8.4.2 节介绍的 ACCESS 方法进行训练，不同的是，他们采用了预训练语言模型 BART 作为简化模型。BART 模型是由 Facebook 提出[83]，采用基于端到端的模型构建的，可以看成是其他预训练语言模型的推广，如 BERT 和 GPT2。BART 尤其擅长处理文本生成任务，在理解类型的任务中性能也不错。获取预训练语言模型 BART 后，利用获取的平行语料对 BART 进行微调。

在推理阶段，先对输入的句子加上固定的标记(具体请查看 8.4.2 节)，再输入到微调后的 BART 模型进行文本简化。

8.5.2　基于机器翻译语料的平行语料构造

根据文本简化的定义，一个合格的平行语料应该满足以下两个目标：①每个句子对的两个句子应该具有相同的意思；②每个句子对的一个句子的复杂度要高于另一个句子。满足第一个目标的平行语料，称为复述语料。第二个目标是体现复述语料和文本简化语料的区别。从这两个目标可以看出，上面介绍的基于搜索的平行语料构造只是尽可能满足目标①，没有考

① https://commoncrawl.org.

虑目标②。

为此，Lv 等[227]提出一种无监督的自动构建文本简化训练语料的方法，缓解了现有模型对训练语料的需求。该方法的主要动机是许多语言存在高质量的大规模的翻译语料和神经机器翻译模型更倾向于输出的高频词。该方法具体是通过配对翻译的句子和参考文本构建伪简化语料，并从中选择具有复杂度差异的句子对组成文本简化语料，如图 8.2 所示。

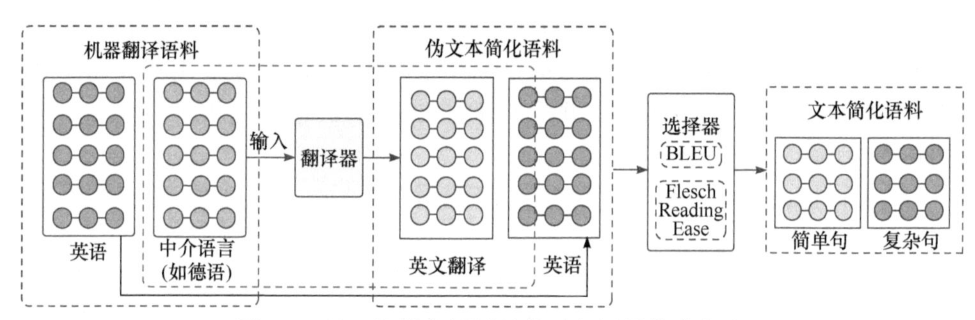

图 8.2　基于机器翻译语料的平行语料构建方法

首先，选择开源的其他语言到英语的机器翻译系统，如德语到英语。关于平行语料的选择问题，如构建英语的文本简化语料，只要和英语存在高质量的大规模机器翻译语料的语言，都可以作为中介语言。因为对具有大规模的机器翻译语料，现有的神经机器翻译系统已经能取得非常好的翻译效果。其次，利用机器翻译系统翻译公开的机器翻译语料，如德英平行语料，获取翻译的英文句子。这样翻译的英文句子和原语料中的英文句子构成了伪英语平行简化语料。这样组成的平行简化语料保证了两个句子具有相同的意思，满足了目标①。

下一步关注的就是，如何筛选出满足目标②的平行语料，也就是如何从伪英语平行简化语料中选择合适的句子对构造句子平行简化语料。首先，考虑到机器翻译语料也有少量不匹配的句子对，根据每个翻译句子的 BLEU 分数进行一定的过滤，过滤掉 BLEU 分数比较低的句子。实验中选择的 BLEU 为 15。接着，利用可读性评估方法对每个句子对进行选择。选择传统的评估公式 FRE(式(3.1))对每个句子对的两个句子进行打分。若两个句子的 FRE 得分差异大于等于 10，就保留该句子对，并把得分低的句子作为复杂句，得分高的句子作为简单句。FRE 的得分是从 0 到 100，得分越高意味着越容易读。一般情况下，每个年纪的可读性评估得分的差异为 10。表 8.2 给出了构建的英语平行简化语料中的三个例子，这里中介语言选择的是德语。

表 8.2 构建的英语平行简化语料中的三个例子

序号	类型	句子
1	中介语言	Er sagt er bekomme Platzangst und fuehle sich, als ob er in einem Sarg begraben werde.
	复杂句	He says he gets claustrophobic, that he feels trapped as if he was buried in a coffin.
	简单句	He says he gets scared and feels like he's being buried in a coffin.
2	中介语言	Das Hotel Gates am Kudamm, mit seiner einmaligen Gastfreundschaft, müssen Sie unbedingt einmal selbst erleben.
	复杂句	You simply must experience the Hotel Gates Am Kudamm with its unique concept of hospitality.
	简单句	The Hotel Gates Am Kudamm, with its unique hospitality, is a must-see.
3	中介语言	Das Geld muss in Unternehmen investiert werden, die garantieren, dass Hochschulabgänger einen Arbeitsplatz finden.
	复杂句	The money must be invested in enterprises which guarantee that graduates will find employment.
	简单句	The money must be invested in companies that guarantee that graduates will find a job.

实验过程中，选择了四种不同的神经网络方法进行实验，文本简化模型的性能远远高于在 WikiLarge 语料库上得到的结果。实验中还生成了法语和西班牙语的简化语料，也进一步验证了该方法的可行性。

该方法的核心就是利用可读性评估指标进行语料选择。但是，只选择了传统的可读性评估公式，未来可以考虑采用其他的可读性评估方法。

8.6 零样本跨语言的文本简化

考虑到许多语言没有平行简化语料和有些语言(如英语)存在大量的平行简化语料，Mallinson 等[228]提出一种零样本跨语言文本简化方法，迁移从英语中学习的简化知识到另外一种语言(不存在平行简化语料)，同时进行跨语言和任务的泛化，这里另外一种语言使用的是德语。不管任务或语言如何，该方法使用相同的基本编码器，在其上添加任务特定的 Transformer 层和特定语言的 Transformer 解码器用于生成输出序列。由于相同的基本编码器用于所有任务和语言，因此模型能够学习任务和语言无关的表示。

跨语言的编码器-解码器框架如图 8.3 所示，仍然采用的是基于 Transformer 的端到端的模型，应用于多任务学习的零样本跨语言简化。在多任务跨语言设置中，该模型采用了 4 个基本任务，即翻译、自编码、语言模型和简化。该架构中根据源语言对这些任务的不同实例进行训练，源语言可以是高资源(HR，如英语)或低资源(LR，如德语)、目标语言(可以是 HR 或 LR)及输出域(可以是简单的，也可以是复杂的)。该方法基于的假设是只有高资源语言中的单语简化数据和只有复杂领域的双语翻译数据。

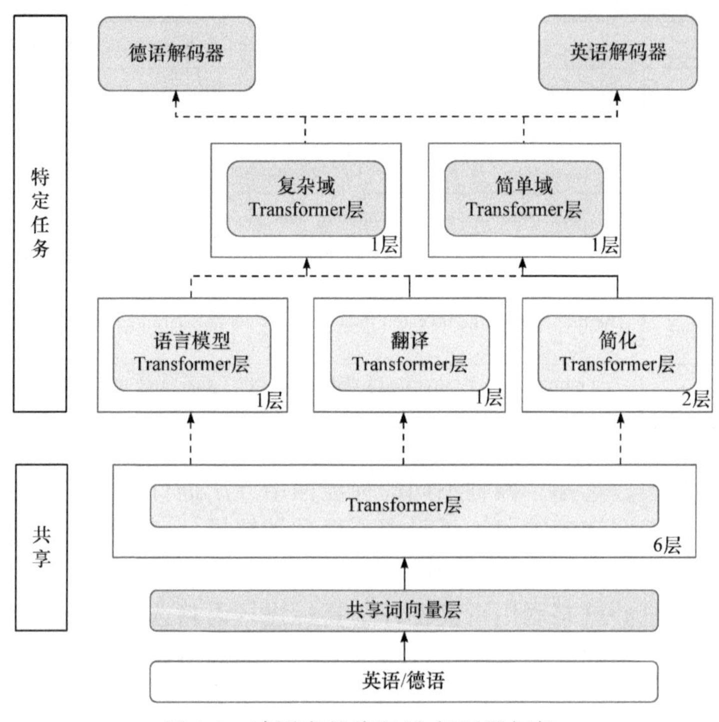

图 8.3　跨语言的编码器-解码器框架

针对每个任务，编码器中采用相同的 k 个 Transformer 基础层，这里 k 是一个超参数，实验中设置为 6。每个任务(简化、翻译和语言模型)在基础层之上，有额外的 t 层专用的 Transformer 层 $L_{1:t}^{\mathcal{T}}$，表示为 $L_{1:t}^{\mathcal{T}}(L_{1:k}(X))$，这里 X 表示输入的原句子。每个域 $\mathcal{D}$(简单/复杂)也有额外的 d 层专用的 Transformer 层 $L_{1:t}^{\mathcal{D}}$，构建在具体的任务层上面。原句子 X 最终获取的向量表示为

$$X^N = L_{1:t}^{\mathcal{D}}(L_{1:t}^{\mathcal{T}}(L_{1:k}(X)))$$

针对每个最小批次(minibatch)，训练过程都指定任务、域和输出语言($\mathcal{O}$)，该模型采用端到端的方式训练，损失函数采用的是最小化交叉熵损失：

$$\mathcal{L}_{\mathrm{CE}} = -\sum_{i=1}^{|Y|} \ln P(y \mid y_{<i}, X^N; \theta, \{\mathcal{D}, \mathcal{T}, \mathcal{O}\})$$

这里，$\mathcal{D}$和$\mathcal{T}$决定了选择哪块专用的 Transformer 编码层。该框架中每个输出语言使用一个专用的解码器，以鼓励模型学习与语言无关的表示。两种语言的所有文本都用 SentencePiece[231]进行预处理，从而在 LR 和 HR 之间形成共享词汇，允许编码器和解码器之间共享词向量。

为了能够进一步使获取的表示是语言无关的，该方法还引入了鉴别器(DIScriminator)，一个前馈神经网络被用来区分 HR 和 LR 两个资源中获取的隐含表示。编码器被训练来迷惑鉴别器。具体是，该模型中增加了 2 个鉴别器，一个用 $L_{1:k}(X)$决定原句子的语言 $\mathcal{J}$ ，另一个用编码器的输出 X^N 预测目标语言。通过这种方式，确保简化 Transformer 层的输入和输出一样不受语言限制。鉴别器被训练成最小化其预测值与真实值之间的二进制交叉熵损失(BCE)：

$$\sum_{i=1}^{|X|}\mathrm{BCE}\left(\mathcal{J},\mathrm{DISC}\left(L_{1:k}(X)_i\right);\theta_{\mathrm{dI}}\right)+\mathrm{BCE}\left(\mathcal{O},\mathrm{DISC}\left(X_i^N\right);\theta_{\mathrm{dO}}\right)$$

其中，θ_{dI} 和 θ_{dO} 是两个鉴别器的参数；$|X|$表示输入句子的长度。

编码器使用对抗损失进行训练，以达到干扰鉴别器的目的，对抗损失如下所示：

$$\mathcal{L}_{\mathrm{ADV}}=-\left(\sum_{i=1}^{|X|}\mathrm{BCE}\left(\mathcal{J},\mathrm{DISC}\left(L_{1:k}(X)_i\right);\theta\right)+\mathrm{BCE}\left(\mathcal{O},\mathrm{DISC}\left(X_i^N\right);\theta\right)\right)$$

将交叉熵损失与对抗损失相结合，同时进行优化，得到整个模型的训练目标。

$$\mathcal{L}=\mathcal{L}_{\mathrm{CE}}+\lambda\mathcal{L}_{\mathrm{ADV}}$$

其中，λ是调节编码器干扰鉴别器的程度，该值较高时能够导致编码器不编码任何关于源输出语言的相关信息。

为了在测试时用低资源语言进行简化，基本 Transformer 层与简化的 Transformer 层一起使用，随后由 LR 解码器解码。为了进行跨语言简化，解码器可以简单地更改为 HR 解码器。

该方法在两个德语的文本简化语料库上进行验证，对比方法采用的是两个调整到德语的英语的无监督神经文本简化方法和一个转化的简化方法(德语输入句子翻译成英语，利用英语文本简化方法输出简化的句子，再把简化的句子翻译成德语)。利用 BLEU 和 SARI 等指标进行评估，该方法远远好于上面介绍的对比方法。

8.7 文本简化分析及展望

文本简化起初没有得到足够的重视，但从 2010 年开始进入了快车道。数据驱动的文本简化方法相比传统方法已经取得很大的进步，数据和算法技术是推动文本简化发展的两个重要方法。

文本简化方法最先都是利用人工标注的规则进行句子的简化。2010 年，Zhu 等[23]基于 65133 篇维基百科文章编译了一个包含 108000 多个句子对的平行语料库，允许 1-to-1 和 1-to-N 对齐。后一种类型的对齐表示句子分割的实例。有了平行语料后，基于机器翻译的文本简化方法成为主流的文本简化方法。之后，基于维基百科和儿童维基百科提取的平行语料有约 29 万个句子对[30]。相对于其他文本生成任务，机器翻译和文档摘要使用的平行语料都是千万级的规模。文本简化的平行语料不仅数量特别少，而且质量特别差，主要是因为平行语料是利用算法自动匹配维基百科和儿童维基百科中的语料，而儿童维基百科的内容由业务人士编写，没有和维基百科中的内容对应。影响文本简化方法质量的一个关键因素是数据规模，数据规模越大，质量越高，构造出的文本简化系统的性能越好。因此，数据的发展成为文本简化发展的一个瓶颈问题。

此外，算法技术的变革对文本简化发展至关重要。基于统计机器翻译的文本简化方法刚出现时并没有基于规则的文本简化方法好。随着技术细节的不断完善，基于统计机器翻译的文本简化方法最终可能会超越当前主流的方法。神经文本简化方法也是同样的道理，从 2016 年[11]神经网络刚开始应用到文本简化，现在可以说神经文本简化方法已经取代了统计文本简化方法，成为当前主流的文本简化方法。相信随着人工智能研究的推进，大数据、大计算、大算法会不断推进文本简化的技术进步。神经文本简化方法并不会是文本简化技术的终极方法，还会有更先进、更高效的机器翻译方法被提出。

展望未来，文本简化方法的研究可能会从以下几个方面展开。

1. 基于预训练语言模型的无监督或者弱监督的文本简化方法

目前，预训练语言模型已经在很多自然语言处理领域得到广泛的应用。而在文本简化领域，只有很少的工作开始探索预训练语言模型。考虑到预训练语言模型在其他领域的成功，基于预训练语言模型的文本简化方法非常有可能是后面几年文本简化研究的主流方法。大规模地标注文本简化的语料库代价是昂贵的，也是不现实的。不需要任何平行语料的无监督的文本简化方法或者需要少数标注语料的弱监督文本简化方法可能成为未来主流的方法。目前，已经有少数几个无监督的文本简化方法被提出，而且取得了非常不错的效果。

2. 文档级别的文本简化

已有的大多数文本简化方法侧重于单个句子的简化，很少有研究从文档层面来解决这个问题。Woodsend 等[26]和 Mandya 等[65]在句子层面上进行简化，并尝试全局优化文档的可读性分数或长度。然而，Siddharthan 等[3]指出，句子的句法变化(尤其是分割)会影响它们之间的修辞关系，只有超越句子边界才能解决。基于文档的文本简化是一个非常重要的研究领域，因为简化一个完整的文档具有更真实的用例场景。这一研究方向首先应该从找出是什么使文档简化不同于句子简化开始。文档简化很可能会执行跨多个句子的转换，而这永远无法利用句子级别的模型来处理。此外，应为数据驱动的简化模型的训练和测试提供适当的语料库，并设计新的评估方法。Newsela 语料库是一种可以在这方面加以利用的资源。到目前为止，它只用于句子级别的文本简化，尽管它包含原始的简化对齐文档，并且有多个简化级别的版本。

3. 个性化的文本简化

本章中回顾的所有文本简化方法都是通用的，也就是说没有针对特定的目标受众进行设计。这是因为目前的研究集中在如何从使用的语料库学习中实现简化操作，而不是针对目标用户构建模型。非母语人士的简化需求不同于孤独症患者或识字水平低的人。一个可能的解决方案是创建特定于目标受众的语料库，然后利用该语料库构建模型。然而，即使在同一目标群体中，不同人也有不同的简化需求和偏好。因此，开发能够处理用户特定需求的方法是有意义的，并可能从与目标用户的交互过程中学习，从而为特定的人生成更有用的简化方法。

4. 文本简化方法的自动评估方法

针对句子简化模型的自动评估，专属的评估指标有 SARI(聚焦于转述)和 SAMSA(聚焦于句子分割)。然而，正如 1.3 节中提到的，相对于自动评估指标，人工评估包含了更多的转换。本章提出的特定于转换的评估仅仅是为了更好地理解句子简化模型正在做什么的一种方法，并不属于一个整体意义上的度量。未来，在改进如何自动评估和比较句子简化模型方面还需要做更多的工作。对质量评估的研究表明，使用无参考句子来评估生成的输出[60]，能够加速自动评估的使用和扩展。这项工作已经开始应用于简化，但是还需要进一步探索。此外，人工的评价局限于三个标准：语法性、意义保留性和简洁性。这些标准足够了吗？如果转到文档级别的透视图，它们是否仍然相关？针对特定的目标用户，是否有更可靠的质量衡量标准？这些都是需要解决的问题。还有，人工标注的语料只局限于一个领域，局限性特别大。所以，提出更合理的文本简化评估方法也是未来研究文本简化方法的核心方向。

8.8 本章小结

本章详细介绍了最新的几个文本简化方法，包含无监督的文本简化方法和基于预训练语言模型的文本简化方法，具体有神经文本简化方法、可编辑的文本简化方法和可控的句子简化方法。尽管不需要标注的平行语料，无监督方法已经取得了与有监督方法同等的效果，但主要还是因为现有的平行语料数量少和质量差。无监督的文本简化未来的路还很长，本章介绍的方法给未来的发展提供了很好的思路。预训练语言模型的方法在词语简化和文本简化显示出了很大的优势，也将成为未来一段时间着重研究的方向。尽管文本简化得到了足够的重视，但是文本简化方法到实际的应用还有很大的距离。最后，本章还总结了文本简化还可能存在的问题。

第 9 章　汉语文本简化的探索

针对英语、法语和日语的简化任务已经拥有了丰富的成果(第 4 章介绍)，然而，对汉语文本简化一直缺乏足够的重视。相对于其他语言，汉语是一种公认的比较难学的语言。例如，汉语中“妻子”的叫法就有几十种，如老婆、婆娘、媳妇、内人、孩他娘、对象、夫人、爱人、太太等。可以看出，对汉语的词语简化是一件十分有必要的任务，特别是对儿童、汉语非母语人士和一些有智力缺陷的人。但是，据了解，针对汉语语言研究目前还停留在研究文本的可读性方面，主要用来确定汉语文本的难度等级，可以帮助教师为儿童学习者选择合适的阅读材料和为教材编写提供科学依据。当获取文本的难度等级后，下一步需要研究汉语文本简化方法，降低文本的难度，达到适合不同用户的需求。但是，汉语文本简化方法缺乏足够的关注，获取不到公开可用的方法。因此，汉语词语的简化研究是非常有价值的。

9.1　概　　述

随着中国对外开放水平的提高，汉语在国际上的影响力越来越大，很多外国人都会通过各种渠道学习汉语。汉语作为当今世界唯一存在的象形文字，是最难学的语言之一，同时，词汇量的缺乏很大程度上影响了学习者对阅读材料的理解程度，也降低了语言学习者的积极性。此外，不仅仅是对非母语人士，汉语文本中词汇的复杂性和丰富性让母语是汉语的人同样感到困惑，特别是那些文化程度不高、拥有认知或语言障碍的群体，或是尚在义务教育阶段的青少年和儿童。

尽管汉语受众面十分广泛，但是国内缺乏相应的文本简化研究工作，既无公开发表的论文可供参考，也无现有的文本简化系统可供使用，从而导致政府公文、新闻网站、网络百科都缺乏相应的简化版本，这给海外留学生、儿童青少年、认知障碍群体接触社会或是学习生活都带来了很大的困难。对比欧美发达国家，他们的文本简化系统已在政府机构、新闻出版业、公共事业等领域得到了广泛的应用，英语、法语、西班牙语等主流语言的简化研究已进行了数十年，并获得了丰硕的成果。

词语简化是文本简化领域的一个子任务，其核心思想是用较简单的词语替换句子中的难词，从而达到对句子整体进行简化的目的。对比英语和汉语的文本，英语一般具有更复杂的结构，而汉语具有更复杂的词汇。因此，本章关注汉语的词语简化研究。

在研究了汉语的语言学特征后，本章提出了基于 BERT 的汉语文本简化法及三种基线方法[54]，在此基础上介绍了设计的基于 BERT 的汉语文本简化系统，实现了汉语文本简化领域从无到有的突破。此外，本章介绍了作者设计的高质量国内首个汉语词语简化语料库，为汉语文本简化领域开展后续的研究提供了条件。基于预训练 BERT 模型的汉语文本简化方法无需任何平行语料，在考虑文本上下文的前提下进行简化，较好地解决了先前在其他语种的词语简化研究中普遍存在的上下文语义不连贯的问题，具有准确率高、多模型通用的特点。与基于同义词词典的方法、基于词向量的方法和基于义原的方法三种基线方法进行实验对比，基于 BERT 的方法取得了更好的效果。

9.2 背 景 知 识

义原在语言学中是指最小的不可再分的语义单位，而 Hownet 则是最著名的基于义原的语言数据库[232]。

Hownet 是由董振东先生提出的一个以汉语和英语的词语所代表的概念为描述对象，以揭示概念与概念之间以及概念所具有的属性之间的关系为基本内容的语言学知识库。它的核心数据文件由 223767 个中英文词和词组所代表的概念构成。它为每个概念标注了基于义原的定义以及词性、情感倾向、例句等信息。

Hownet 构建的一个重要特点是采用自上而下归纳的方法。通过对全部的基本义原进行观察分析并形成义原的标注集，然后用更多的概念对标注集进行考核，据此建立完善的标注集。无论是义原提取还是义原考核与确定，在 Hownet 的建设中都是至关重要的并具有决定性意义。

与关注语义关系的 WordNet 不同，Hownet 用一个或多个相关义原(sememe)对每个单词进行注释。这里，首先介绍如何在 Hownet 中组织单词、词义和义原。在知网中，一个词可能有不同的词义，每个义位都有几个义原来描述意义的确切词义。如图 9.1 所示，单词“apple”有两种义原，包括 Hownet 中的“apple(fruit)”和“apple(brand)”。词义“apple(fruit)”只有一个义原“fruit”，词义“apple(brand)”有五个义原，包括“computer”、“PatternValue”、“able”、“bring”和“SpecificBrand”。知网约有 2000 个义原，10 万多个标注的中英文单词。

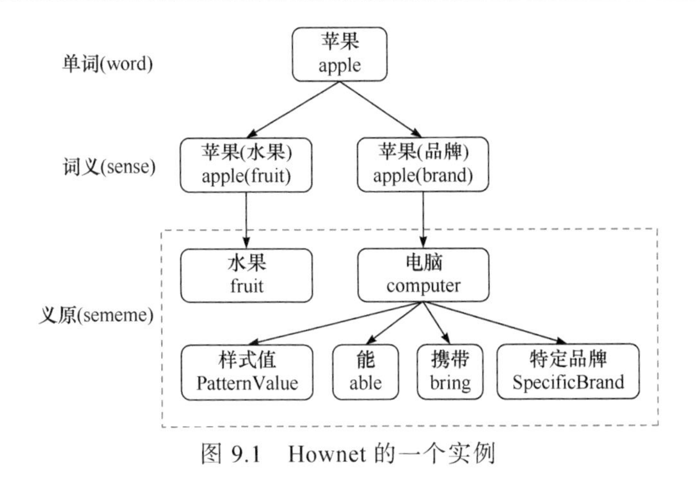

图 9.1　Hownet 的一个实例

9.3　汉语简化语料库的构造

要衡量一个算法的好坏，首先要建立一个可靠的语料库。中文领域缺乏现成的评价语料库，因此本节首先为中文词语简化构建了一个基准语料库，命名为 HanLS。它由 3 名母语为汉语的本科生和 3 名母语为汉语的研究生标注，既可以用于训练，也可以用于评估，同时加快了这一课题的研究。构建语料库的过程遵循下面的步骤。

1. 提取句子

在全球流行的汉语 HSK(中国汉语水平考试)词汇标准的词语等级[①]中，将复杂词定义为“高水平”词。600 个高水平词汇(名词、动词、形容词、副词)由两位有教学经验的母语人士根据自己的经验和直觉选择。目标是建立一个语料库并控制句子只有一个复杂词。包含复杂词的句子是从国家语言委员会的现代汉语语料库和汉译语料库中随机抽取得来的。在这些工作完成后，收集包括每个复杂词在内的 10 个句子，注释者通过控制每个句子中复杂词的数量，为每个词性标签下的复杂词选择一个句子。

2. 提供替代词

从五位母语为英语的人中收集简化复述。对于每一个例子，标注者都提供不改变句子意义的替代词。当提供一个替代词时，标注者可以参考字典，

① http://www.chinesetest.cn/userfiles/file/HSK/HSK-2012.xls.

但是不应该询问其他标注者的意见。当标注者想不出一个复述时，他们可以不提供任何条目。这些标注者根据替代词在上下文中的简单程度，对赋值员提供的几个替代词进行排序。

3. 合并所有注释

对所有标注者提供的注释进行平均，将所有注释合并为一个语料库。下面将解释这个语料库的一个示例。假设某句有一个替代词 x，当五个标注者得到排名(1,2,2,4,1)时，x 的平均排名为 2。通过将这些替换的平均值按升序重新排列，得到每个实例的最终综合排序。

合并语料库由一个新的标注者评估。标注者根据以下两个标准对替代词进行不恰当情况的评价：①如果替代词替换目标词后句子不自然，那么替代词就是不恰当的；②如果替代词替换目标词后，句子的意思发生了变化，那么替代词是不合适的。

最后，语料库 HanLS 标注的一些例子如表 9.1 所示。

表 9.1 语料库 HanLS 中的注释示例

句子	复杂词			替代词
	内容	词性	索引	
句子太长，念起来拗口。	拗口	a	5	不通 别扭 不顺口 难 不通顺 绕绕嘴 不上口 生涩
请垂直码放玻璃。	码放	v	2	放置 放 安放 放好 摆放 搁放 堆放
今晚在这里上工的人与游行罢工的人并无芥蒂。	芥蒂	n	13	不和 嫌隙 纠纷 隙嫌 裂痕 隔阂 不快 怨气 心病 隔膜 疙瘩 间隙

9.4 汉语文本简化方法

汉语文本简化方法具体包括复杂词识别、候选词生成和候选词排序。具体每一步的主要目的，可以参照第 4 章的内容。

1. 复杂词识别

这里提供了两种无监督的方法识别汉语句子中的复杂词。

第一种方法是依据 HSK 词汇，把 HSK 六级和没有出现在 HSK 中的词语当作复杂词。第二种方法是利用从大语料中统计的词频，根据词频对词语进行排序，排序 10000 名以后的词语作为复杂词。

2. 候选词生成

这里提供了三种基线方法和一种改进的基于 BERT 的方法。

1) 基于同义词字典的方法

从人工编著的同义词词典中选择同义词，通过这样的方法来获得替代候选词。大多数文本简化方法使用同义词词典的替换生成，如英语使用 WordNet，西班牙语使用 OpenThesaurus。对于汉语单词替换，选择哈工大同义词词林来生成替换词，其中包含 77371 个不同的词。

2) 基于词向量的方法

利用词嵌入模型获取词语的向量表示，通过余弦相似度计算获取与复杂词最相似的词语作为替代词。这里使用预先训练好的中文词向量[①]，其利用 Word2Vector 算法训练得到。实验过程中，提取前 10 个最相似的词作为替代词。

3) 基于义原的方法

设计一种基于义原的简化词生成方法，义原作为最小的语义单元可以为复杂词保留更多潜在的有效替代词。在实际的神经语言处理应用中，建立基于义原的知识库有许多，其中以 Hownet 最为著名。在 Hownet 中，一个词的义原可以准确地描述该词的词义。因此，具有相同义原标注的词应该具有相同的词义，可以作为潜在的候选词。在利用 Hownet 提取候选词的过程中，当且仅当 w 的一个词义与 w^*的一个词义有相同的义原标注时，这个单词 w 才可以被另一个单词 w^*代替。

4) 改进的基于 BERT 的方法

4.3.5 节提出的 LSBert 方法不能直接用于产生汉语复杂词的替代词。在汉语中，一个词是由一个或多个字符组成的。例如，一个由四个字组成的复合词，可能的替代词可以是一个字、两个字、三个字或四个字。该方法需要使用不同数量的[MASK]符号来替换复杂的单词。因此，预测[MASK]所对应的字符不仅是一个完形填空任务，更准确地说应该是一个文本生成任务。

具体地说，对于一个复杂的词语，该方法使用小于或等于字符数目的[MASK]来替换它，并将所有结果组合起来作为替代词。假设用两个[MASK]替代复杂词的情况，采用和 LSBert 同样的方法。首先，将句子 S 中的目标复

① https://github.com/Embedding/Chinese-Word-Vectors.

杂词 w 用两个[MASK]掩盖后作为句子 S'，将原句 S 与 S'通过[CLS]和[SEP]符号进行串联后，输入 BERT 获取每个掩码位置的字符概率分布。

获取多个位置的字符概率分布后，可以用光束搜索(beam search)寻找最高概率的词语作为候选词。对候选替代词依照现代汉语常用词表进行过滤，去除噪声。我们发现该种策略出现大量的噪声词语，主要因为 BERT 在多个[MASK]进行预测时，认为这些[MASK]是相互独立的，没有考虑这些[MASK]对应的依存关系。为此，作者提出了一种基于迭代的生成策略，主要目的就是考虑多个[MASK]对应的依存关系。

然后，选择第一个[MASK]符号的前 n 个概率高的候选字符。依次对选择的字符进行处理，通过用选择的字符替代[MASK]符号，再次利用 BERT 进行预测，直到句子中没有[MASK]符号。对于两个[MASK]的情况，首先对第一个[MASK]确定候选字符，该方法将 S'对应的[MASK]替换为候选字符，并将新的句子对输入 BERT，以获得第二个[MASK]符号的前 n 个候选字符。从前 n 个候选字符中选择《当代汉语字典》中的词语作为替代词。如图 9.2 所示，给定例句“岁月不等人”和复杂词“岁月”。第一步，替代“岁月”词语用两个[MASK]，输入 BERT 模型获取预测的字符概率。第二步，从第一个[MASK]预测的字符中选择高概率的字符是“时”，替代第一个[MASK]，并输入 BERT 模型，预测第二个[MASK]预测的字符，选择高概率的词语构成候选词。然后，与第二步一致，依次选择第一个[MASK]预测的其他高概率的字符，替代第二个[MASK]，并输入 BERT 模型。

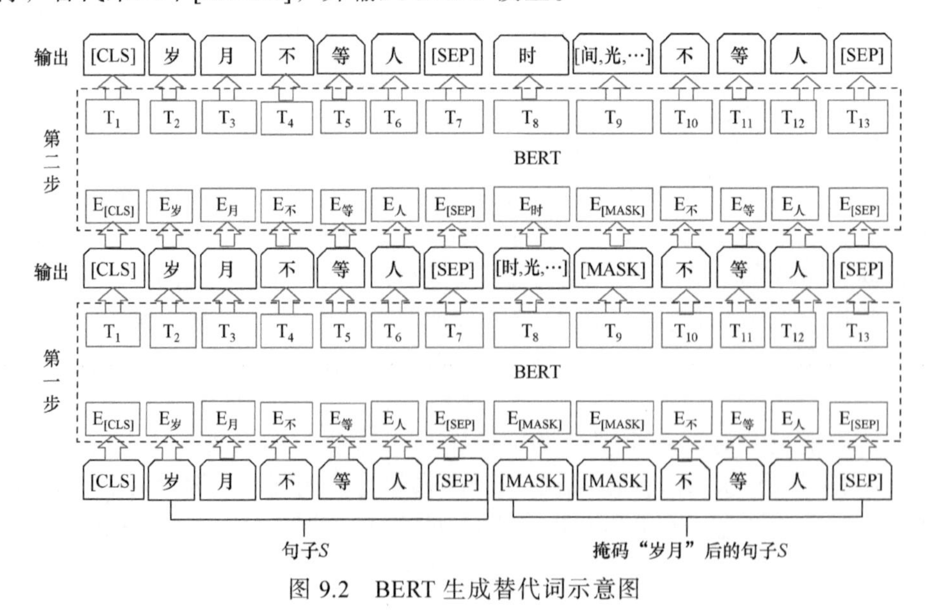

图 9.2　BERT 生成替代词示意图

3. 候选词排序

候选词排序采用了与 4.3.5 节介绍的 LSBert 方法同样的策略。这里选择了语言模型、词向量相似度、词频和 Hownet 相似度四个特征。前三个特征的计算方式和 LSBert 方法一致，这里就不再介绍。下面只介绍引入的新特征 Hownet 相似度。义原相似度在汉语单词的反义词和同义词相似度计算中被证明具有良好的性能。基于 Hownet 相似度特征计算了复杂词与替代词之间的相似度，为以下情况提供了很好的补充。当候选词是反义词或当候选词是语义相关但不相似的词时，语言模型和词向量相似度这两个特征可能会失效。

将以上四个排序特征(语言模型 $rank_{lm}$、词向量相似度 $rank_{word}$、词频 $rank_{fre}$ 和 Hownet 相似度 $rank_{hownet}$)对候选词排名后，通过下面公式进行加权平均，获取最终的候选词排名 final_rank。

$$\text{final\_rank} = \lambda_1 \text{rank}_{\text{fre}} + \lambda_2 \text{rank}_{\text{word}} + \lambda_3 \text{rank}_{\text{lm}} + \lambda_4 \text{rank}_{\text{hownet}}$$

获取候选词的最终排名后，从排名最高的两个候选词和原词中选择最终的替代词。具体的做法是：①如果第一个候选词不是复杂词，直接用第一个候选词替代复杂词；②如果第一个候选词是复杂词，比较复杂词与排名第二的候选词的词频，如果前者小于后者，那么用排名第二的候选词替换句子中的复杂词，否则仍然保留原有复杂词。

9.5 实　验

下面设计实验来回答以下三个问题。

(1) 创建的汉语词汇语料库的 HanLS 质量：人工评估结果是否与注释语料库 HanLS 的一致。

(2) 四种替代方法的差异：本章利用英语语言学习任务的评价指标，验证了这四种替代方法在语言学习中的有效性。

(3) 影响汉语文本简化系统的因素：在基准语料库 HanLS 上进行实验，验证一些关键参数(替换词生成方法和替换词排序特征)对整个汉语文本简化系统的影响。

9.5.1 评价语料库 HanLS 的质量

考虑到汉语词汇的丰富性，现计划验证汉语中所标注的合理替代词的全面性。设计一个实验来比较人工评估和自动评估结果之间的差异，使用注释替代词，采用以下度量标准。需要注意的是，因为不能在没有替换的情况下评估这些实例的注释替代词，所以只考虑系统更改复杂单词的这些实例，而不是基准语料库 HanLS 中的所有实例。

结果如表 9.2 所示。从这几种方法的排序可以看出，人工评估结果与自动评估结果基本是一致的。通过对比人工评估结果和自动评估结果，两个结果相同的比例达到 85%以上。基于同义词词典的方法是人工评估结果与自动评估结果实现的最佳值，但它只生成了 379 个实例的替代词，这意味着许多复杂的单词被原始单词本身所替代。

表 9.2　人工评估与自动评估的比较结果

项目	词向量	义原	BERT	同义词词典
Changed	472	442	503	379
Manual	0.708	0.799	0.827	0.917
Auto	0.623	0.692	0.785	0.854

注：Changed 表示复杂词被系统更改的次数；Manual 表示人工计算正确替换复杂词的实例比例(人工评估)；Auto 表示复杂词被替换为语料库中任何替换项的实例比例(自动评估)。

得到的结论是，HanLS 是一个高质量的语料库，其中标注的替代词是合理和全面的。下面将给出使用 HanLS 提出的基线的详细比较。

9.5.2　生成候选词方法的对比评价

使用英语文本简化任务的四个度量标准(Potential、Precision、Recall、F1)来评估生成候选词方法的性能。

Potential：生成的候选词集中，至少有一个词属于人工标注的语料库给出的标注，这样的样例占所有样例的比例。

Precision：生成的候选词中属于人工标注的词占候选词总数目的比例。

Recall：生成的候选词中属于人工标注的词占所有人工标注替代词总数目的比例。

F1：精度与召回率之间的调和平均值。

结果如表 9.3 所示，基于同义词词典和基于 BERT 这两种方法比基于词向量和基于义原这两种方法更有效。基于同义词词典的方法是一种简单但功能强大的方法，可以很容易理解和部署到不同的语言，具有操作简单、易于实现的优点。基于词向量的方法的优点是预先训练好的嵌入模型，只需要一般的大量文本语料库，易于获取。但是产生的这些替代词不仅包含相近的词，还包括关联度高的词和意思相反的词。与基于词向量的方法相比，基于义原的方法不会产生许多不恰当的替代词，如反义词或语义相关但不相似的词；

与基于同义词词典的方法相比，基于义原的方法将生成更多替代词，它为许多实例生成几十甚至数百个替代词，导致召回值最低。

表 9.3 产生候选词评价结果(单位：%)

产生候选词方法	Potential	Precision	Recall	F1
同义词词典	81.49	40.68	27.42	32.76
词向量	72.14	19.70	35.36	25.30
BERT	88.93	31.41	26.23	28.59
义原	72.14	30.46	13.24	18.51

但基于同义词词典的方法和基于义原的方法都有很大的局限性，即它们的覆盖范围窄，可以发现许多不出现在这个字典但很常用的单词。例如，“援助”，“行李”和“分手”为同义词词典中缺失的，“罕见”、“纯粹的”和“野生”为义原中缺失的。在不依赖语言数据库的情况下，基于 BERT 的方法能够提供令人印象深刻的结果，这主要是因为它在生成替代词时考虑了复杂词的上下文。

总体来说，基于 BERT 的方法有更好的精度和召回率，有更大的发展潜力。

9.5.3 系统评价和消融研究

此外，使用两个度量来评估整个系统的性能。为了确定每个排序特征的重要性，这里依次去除一个特征来进行消融研究。

(1) 精度(Precision)：所有样本中最终选择的替代词是目标词本身，或最终选择的替代词属于人工标注的替代词的比率。

(2) 准确度(ACC)：所有样本中最终选择的替代词不是目标词但属于人工标注的替代词的比率。

首先分析各特征对词语简化方法性能的影响，结果如表 9.4 所示。可以看出，结合这四种特征的方法都取得了最好的效果，这意味着，该方法采用的所有特征都有助于提升词语简化的性能。

表 9.4 消融研究的结果排序特征

特征	同义词词典		词向量		BERT		义原	
	Precision	ACC	Precision	ACC	Precision	ACC	Precision	ACC
w/o 语言模型特征	73.33	62.60	58.78	54.39	69.27	65.27	58.40	57.44
w/o 词向量相似度	70.99	64.12	60.88	56.49	66.03	63.93	49.24	48.28

续表

特征	同义词词典		词向量		BERT		义原	
	Precision	ACC	Precision	ACC	Precision	ACC	Precision	ACC
w/o 词频	70.42	48.66	56.68	52.29	72.90	62.60	55.92	54.96
w/o 义原相似度	73.47	63.93	57.44	53.05	67.75	64.69	59.35	58.40
Full	74.43	64.69	60.50	56.11	73.09	68.70	59.35	58.40

结合所有特征，基于词向量的方法产生几乎相同的结果。由于基于词向量的方法已经使用单词嵌入来生成候选词，所以候选词产生的相似性特征对替代排序没有影响。

然后，比较这几种方法的完整结果，发现基于 BERT 的方法达到了满意的实验结果。最佳英文文本简化方法在其基准语料库 NNSeval 上的 Precision 得分为 0.526，ACC 得分为 0.436。与英语文本简化任务相比，汉语文本简化任务的基于同义词词典的方法和基于 BERT 的方法可以作为较强的基线。

9.5.4 误差分析

为了寻找错误来源，这里分析了所有提出的方法。使用 PLUMBErr 工具评估文本简化系统所采取的所有步骤，识别出以下五种类型的错误。

(1) NoError：简化过程中没有错误。

(2) NoCandidate：不产生替代词。

(3) NoSimplerCandiate：不会产生更简单的替代词。

(4) ChangedMeaning：替换会损害句子的语法或意义。

(5) NoSimplify：替换不能简化这个词。

NoCandidate 和 NoSimplerCandiate 类错误发生在生成候选词时，ChangedMeaning 和 NoSimplify 类错误发生在候选词排序时。表 9.5 显示了基准语料库 HanLS 中每个错误发生的实例数量和比例(括号中数字)。

表 9.5　基线误差分析结果

方法	NoError	NoCandidate	NoSimplerCandiate	ChangedMeaning	NoSimplify
同义词词典	289(55%)	97(18%)	51(10%)	185(35%)	50(10%)
词向量	209(40%)	146(28%)	111(21%)	230(44%)	85(16%)
BERT	337(64%)	58(11%)	30(6%)	164(31%)	23(4%)
义原	267(51%)	146(28%)	56(11%)	218(42%)	39(7%)

结果表明，基于 BERT 的方法能使系统生成最多复杂词的候选词，从而使 NoSimplerCandiate 类和 NoSimplify 类的错误最少。但同时注意到，基于 BERT 的方法会犯很多 ChangedMeaning 类错误。

与其他方法相比，在每一步中，基于词向量的方法都是产生错误最多的方法。通过分析每一步产生的输出，发现这是由于基于词向量的方法产生了许多语义相关但不相似的词作为替代词。基于同义词词典的方法和基于义原的方法产生 NoSimplerCandiate 类和 NoSimplify 类错误较少，而产生 NoCandidate 类和 ChangedMeaning 类错误较多。这是因为它们是基于语料库的，有许多复杂词在语料库中无法找到。总体而言，结果与上述实验结论一致。

9.6　本 章 小 结

本章重点探讨了汉语的词语简化。由于该工作没得到足够的重视，本章介绍了首个汉语词语简化语料库，为汉语文本简化领域开展后续的研究提供了条件。紧接着，本章介绍了一种基于 BERT 的汉语文本简化方法，该方法无需任何平行语料，在考虑文本上下文的前提下进行简化，较好地解决了先前在其他语种的词语简化研究中普遍存在的上下文语义不连贯的问题，具有准确率高、多模型通用的特点。另外，还提供了基于同义词词典的方法、基于词向量的方法和基于义原的方法作为基线方法用于对照研究。其中，基于义原的方法为词语简化领域首次提出。

在候选词排序的过程中，利用了语言模型特征、词向量相似度、义原相似度和词频四个特征，对候选词进行选择，不仅考虑了候选词和复杂词的相关性，候选词与原有的上下文之间的连贯性，还考虑了候选词的简化程度，从而能够更准确地找到最适合的替代词。除此之外，首次将义原相似度引入词语简化的候选词排序过程中，有效弥补了单一词向量相似度度量语义相似度时可能出现的失效情况。

在未来的研究工作中，将关注汉语中的成语简化。汉语句子中常常包含成语，不同成语之间的差别是非常微小的，即使是母语的大学生在很多情况下也不能完全理解正确。如果能够去掉原句子中的成语，必定能够降低句子的难度。例如，原句子是“这一地区的居民面临许多问题，但首当其冲的是污染问题”，包含了成语“首当其冲”。如果该句子能简化为“这一地区的居民面临许多问题，但最应该关注的是污染问题”，大大降低了句子的难度。但是，在很多情况下，很多成语没有可选的替代词进行替换，而是需要对句子进行重新复述，这样就大大增加了问题的难度。目前句子复述任务都需要大量的标注语料，而针对汉语成语简化任务的标注语料是不存在的。如果想利用句子复述任务完成该任务，需要有大量标注语料训练模型，这也是汉语词语简化研究的一个难点。

参 考 文 献

[1] Dale E, Chall J S. The concept of readability. Elementary English, 1949, 26(1): 19-26.
[2] Chandrasekar R, Doran C, Srinivas B. Motivations and methods for text simplification. Proceedings of the 16th International Conference on Computational Linguistics, 1996: 1041-1044.
[3] Siddharthan A, Mandya A. Hybrid text simplification using synchronous dependency grammars with hand-written and automatically harvested rules. Proceedings of the 14th Conference of the European Chapter of the Association for Computational Linguistics, 2014: 722-731.
[4] Ferrés D, Marimon M, Saggion H. YATS: Yet another text simplifier. International Conference on Applications of Natural Language to Information Systems, 2016: 335-342.
[5] Niklaus C, Cetto M, Freitas A, et al. Transforming complex sentences into a semantic hierarchy. arXiv preprint arXiv: 1906.01038, 2019.
[6] Carroll J, Minnen G, Canning Y, et al. Practical simplification of English newspaper text to assist aphasic readers. Proceedings of the AAAI Workshop on Integrating Artificial Intelligence and Assistive Technology, 1998: 7-10.
[7] Zhou W, Ge T, Xu K, et al. BERT-based lexical substitution. Proceedings of the 57th Annual Meeting of the Association for Computational Linguistics, 2019: 3368-3373.
[8] Qiang J P, Li Y, Zhu Y, et al. Lexical simplification with pretrained encoders. Proceedings of the 34th AAAI Conference on Artificial Intelligence, 2020: 8649-8656.
[9] Specia L. Translating from complex to simplified sentences. Proceedings of the 9th International Conference on Computational Processing of the Portuguese Language, 2010: 30-39.
[10] Sutskever I, Vinyals O, Le Q V. Sequence to sequence learning with neural networks. Advances in Neural Information Processing Systems, 2014, 27: 3104-3112.
[11] Wang T, Chen P, Rochford J, et al. Text simplification using neural machine translation. Proceedings of the 30th AAAI Conference on Artificial Intelligence, 2016: 4270-4271.
[12] Shardlow M. A survey of automated text simplification. International Journal of Advanced Computer Science and Applications, 2014, 4(1): 58-70.
[13] Jing H. Sentence reduction for automatic text summarization. The 6th Applied Natural Language Processing Conference, 2000: 310-315.
[14] Cohn T, Lapata M. An abstractive approach to sentence compression. ACM Transactions on Intelligent Systems and Technology, 2013, 4(3): 1-35.
[15] Narayan S, Gardent C, Cohen S B, et al. Split and rephrase. arXiv preprint arXiv: 1707.06971, 2017.

[16] Kauchak D. Improving text simplification language modeling using unsimplified text data. Proceedings of the 51st Annual Meeting of the Association for Computational Linguistics, 2013: 1537-1546.
[17] Brysbaert M, New B. Moving beyond Kučera and Francis: A critical evaluation of current word frequency norms and the introduction of a new and improved word frequency measure for American English. Behavior Research Methods, 2009, 41(4): 977-990.
[18] Paetzold G, Specia L. Collecting and exploring everyday language for predicting psycholinguistic properties of words. Proceedings of the 26th International Conference on Computational Linguistics: Technical Papers, 2016: 1669-1679.
[19] Paetzold G, Specia L. Benchmarking lexical simplification systems. Proceedings of the 10th International Conference on Language Resources and Evaluation, 2016: 3074-3080.
[20] Coltheart M. The MRC psycholinguistic database. The Quarterly Journal of Experimental Psychology Section A, 1981, 33(4): 497-505.
[21] Alva-Manchego F, Scarton C, Specia L. Data-driven sentence simplification: Survey and benchmark. Computational Linguistics, 2020, 46(1): 135-187.
[22] Ogden C K. Basic English: International Second Language. Harcourt: Brace & World, 1968.
[23] Zhu Z, Bernhard D, Gurevych I. A monolingual tree-based translation model for sentence simplification. Proceedings of the 23rd International Conference on Computational Linguistics, 2010: 1353-1361.
[24] Coster W, Kauchak D. Simple English Wikipedia: A new text simplification task. Proceedings of the 49th Annual Meeting of the Association for Computational Linguistics: Short Papers, 2011: 665-669.
[25] Barzilay R, Elhadad N. Sentence alignment for monolingual comparable corpora. Proceedings of the Conference on Empirical Methods in Natural Language Processing, 2003: 25-32.
[26] Woodsend K, Lapata M. Learning to simplify sentences with quasi-synchronous grammar and integer programming. Proceedings of the Conference on Empirical Methods in Natural Language Processing, 2011: 409-420.
[27] Yatskar M, Pang B, Danescu-Niculescu-Mizil C, et al. For the sake of simplicity: Unsupervised extraction of lexical simplifications from Wikipedia. arXiv preprint arXiv:1008.1986, 2010.
[28] Hwang W, Hajishirzi H, Ostendorf M, et al. Aligning sentences from standard Wikipedia to simple Wikipedia. Proceedings of the Annual Conference of the North American Chapter of the Association for Computational Linguistics: Human Language Technologies, 2015: 211-217.
[29] Kajiwara T, Komachi M. Building a monolingual parallel corpus for text simplification using sentence similarity based on alignment between word embeddings. Proceedings of the 26th International Conference on Computational Linguistics: Technical Papers, 2016: 1147-1158.

[30] Zhang X X, Lapata M. Sentence simplification with deep reinforcement learning. arXiv preprint arXiv: 1703.10931, 2017.

[31] Yasseri T, Kornai A, Kertész J. A practical approach to language complexity: A Wikipedia case study. PLoS One, 2012, 7(11): 1-8.

[32] Xu W, Callison-Burch C, Napoles C. Problems in current text simplification research: New data can help. Transactions of the Association for Computational Linguistics, 2015, 3: 283-297.

[33] Štajner S, Franco-Salvador M, Ponzetto S P, et al. Sentence alignment methods for improving text simplification systems. Proceedings of the 55th Annual Meeting of the Association for Computational Linguistics: Short Papers, 2017: 97-102.

[34] Alva-Manchego F, Bingel J, Paetzold G, et al. Learning how to simplify from explicit labeling of complex-simplified text pairs. Proceedings of the 8th International Joint Conference on Natural Language Processing, 2017: 295-305.

[35] Paetzold G, Specia L. Vicinity-driven paragraph and sentence alignment for comparable corpora. arXiv preprint arXiv: 1612.04113, 2016.

[36] Paetzold G, Alva-Manchego F, Specia L. Massalign: Alignment and annotation of comparable documents. Proceedings of the International Joint Conference on Natural Language Processing, 2017: 1-4.

[37] Scarton C, Paetzold G, Specia L. Text simplification from professionally produced corpora. Proceedings of the 11th International Conference on Language Resources and Evaluation, 2018: 3504-3510.

[38] Siddharthan A. Preserving discourse structure when simplifying text. Proceedings of the 9th European Workshop on Natural Language Generation, 2003.

[39] Xu W, Napoles C, Pavlick E, et al. Optimizing statistical machine translation for text simplification. Transactions of the Association for Computational Linguistics, 2016, 4: 401-415.

[40] Sulem E, Abend O, Rappoport A. BLEU is not suitable for the evaluation of text simplification. arXiv preprint arXiv: 1810.05995, 2018.

[41] Alva-Manchego F, Martin L, Bordes A, et al. ASSET: A dataset for tuning and evaluation of sentence simplification models with multiple rewriting transformations. The 58th Annual Meeting of the Association for Computational Linguistics, 2020: 4668-4679.

[42] Vajjala S, Lučić I. OneStopEnglish corpus: A new corpus for automatic readability assessment and text simplification. Proceedings of the 13th Workshop on Innovative Use of NLP for Building Educational Applications, 2018: 297-304.

[43] Gardent C, Shimorina A, Narayan S, et al. Creating training corpora for NLG micro-planning. Proceedings of the 55th Annual Meeting of the Association for Computational Linguistics: Long Papers, 2017: 179-188.

[44] Aharoni R, Goldberg Y. Split and rephrase: Better evaluation and stronger baselines. Proceedings of the 56th Annual Meeting of the Association for Computational Linguistics: Short Papers, 2018: 719-724.

[45] Botha J A, Faruqui M, Alex J, et al. Learning to split and rephrase from Wikipedia edit history. arXiv preprint arXiv: 1808.09468, 2018.

[46] Gonzalez-Dios I, Aranzabe M J, de Ilarraza A D, et al. Simple or complex? Assessing the readability of basque texts. Proceedings of the 25th International Conference on Computational Linguistics: Technical Papers, 2014: 334-344.

[47] Caseli H M, Pereira T F, Specia L, et al. Building a Brazilian Portuguese parallel corpus of original and simplified texts. Advances in Computational Linguistics, Research in Computer Science, 2009, 41: 59-70.

[48] Klerke S, Søgaard A. DSim, a Danish parallel corpus for text simplification. Proceedings of the 8th International Conference on Language Resources and Evaluation, 2012: 4015-4018.

[49] Klaper D, Ebling S, Volk M. Building a German/simple German parallel corpus for automatic text simplification. Proceedings of the 2nd Workshop on Predicting and Improving Text Readability for Target Reader Populations, 2013.

[50] Brunato D, Cimino A, Dell'Orletta F, et al. PaCCSS-IT: A parallel corpus of complex-simple sentences for automatic text simplification. Proceedings of the Conference on Empirical Methods in Natural Language Processing, 2016: 351-361.

[51] Tonelli S, Aprosio A P, Saltori F. SIMPITIKI: A simplification corpus for Italian. Proceedings of the 3rd Italian Conference on Computational Linguistics, 2016: 291-296.

[52] Goto I, Tanaka H, Kumano T. Japanese news simplification: Task design, data set construction, and analysis of simplified text. Proceedings of MT Summit XV, 2015, 1: 17-31.

[53] Saggion H, Štajner S, Bott S, et al. Making it simplext: Implementation and evaluation of a text simplification system for Spanish. ACM Transactions on Accessible Computing, 2015, 6 (4): 14-25.

[54] Qiang J, Lu X, Li Y, et al. Chinese lexical simplification. IEEE/ACM Transactions on Audio, Speech and Language Processing, 2021, 29: 1819-1828.

[55] Snover M, Dorr B, Schwartz R, et al. A study of translation edit rate with targeted human annotation. Proceedings of the 7th Conference of the Association for Machine Translation in the Americas, 2006: 223-231.

[56] Flesch R, Gould A J. The art of readable writing. Stanford Law Review, 1950, 2(3): 625.

[57] Kincaid J P, Fishburn E R P, Robert P R. Derivation of new readability formulas (automated readability index, fog count and flesch reading ease formula) for navy enlisted personnel. Defense Technical Information Center, 1975.

[58] Napoles C, Dredze M. Learning simple Wikipedia: A cogitation in ascertaining abecedarian language. Proceedings of the Annual Conference of the North American Chapter of the Association for Computational Linguistics, 2010: 42-50.

[59] Štajner S, Mitkov R, Saggion H. One step closer to automatic evaluation of text simplification systems. Proceedings of the 3rd Workshop on Predicting and Improving Text Readability for Target Reader Populations, 2014: 1-10.

[60] Martin L, Humeau S, Mazaré P E, et al. Reference-less quality estimation of text simplification systems. arXiv preprint arXiv: 1901.10746, 2019.

[61] Vajjala S, Meurers D. Assessing the relative reading level of sentence pairs for text simplification. Proceedings of the 14th Conference of the European Chapter of the Association for Computational Linguistics, 2014: 288-297.

[62] Vajjala S, Meurers D. Readability-based sentence ranking for evaluating text simplification. arXiv preprint arXiv: 1603.06009, 2016.

[63] Denkowski M, Lavie A. Meteor universal: Language specific translation evaluation for any target language. Proceedings of the 9th Workshop on Statistical Machine Translation, 2014: 376-380.

[64] Lin C Y, Hovy E. Manual and automatic evaluation of summaries. Proceedings of the Workshop on Automatic Summarization, 2002: 45-51.

[65] Mandya A A, Nomoto T, Siddharthan A. Lexico-syntactic text simplification and compression with typed dependencies. Proceedings of the 25th International Conference on Computational Linguistics, 2014:1996-2006.

[66] Inui K, Fujita A, Takahashi T, et al. Text simplification for reading assistance: A project note. Proceedings of the 3rd International Workshop on Paraphrasing, 2003: 9-16.

[67] Sauvan L, Stolowy N, Aguilar C, et al. Text simplification to help individuals with low vision to read more fluently. Workshop Tools and Resources to Empower People with Reading Difficulties (READI) at International Conference on Language Resources and Evaluation (LREC 2020), 2020: 27-32.

[68] Colman A M. Oxford Dictionary of Psychology (On-line Version). 4th ed. New York: Oxford University Press, 2016.

[69] Barbu E, Martín-Valdivia M T, Lopez L A U. Open Book: A tool for helping ASD users' semantic comprehension. Proceedings of the Workshop on Natural Language Processing for Improving Textual Accessibility, 2013: 11-19.

[70] Evans R, Orasan C, Dornescu I. An evaluation of syntactic simplification rules for people with autism. Proceedings of the 3rd Workshop on Predicting and Improving Text Readability for Target Reader Populations, 2014.

[71] Rello L, Baeza-Yates R, Dempere-Marco L, et al. Frequent words improve readability and short words improve understandability for people with dyslexia. IFIP Conference on Human-Computer Interaction, 2013: 203-219.

[72] Rello L, Bautista S, Baeza-Yates R, et al. One half or 50%? An eye-tracking study of number representation readability. IFIP Conference on Human-Computer Interaction, 2013: 229-245.

[73] Hasler E C, de Gispert A, Stahlberg F, et al. Source sentence simplification for statistical machine translation. Computer Speech & Language, 2017, 45: 221-235.

[74] Mehta S, Azarnoush B, Chen B, et al. Simplify-then-translate: Automatic preprocessing for black-box translation. Proceedings of the 34th AAAI Conference on Artificial Intelligence, 2020: 8488-8495.

[75] Siddharthan A, Nenkova A, McKeown K. Syntactic simplification for improving content selection in multi-document summarization. Proceedings of the 20th International Conference on Computational Linguistics, 2004.

[76] Silveira S B, Branco A. Enhancing multi-document summaries with sentence simplification. Proceedings of the 14th International Conference on Artificial Intelligence, 2012: 742-748.

[77] Lal P, Ruger S. Extract-based summarization with simplification. Proceedings of the Association for Compatational Linguistics, 2002.

[78] Ong E, Damay J, Lojico G, et al. Simplifying text in medical literature. Journal of Research in Science, Computing and Engineering, 2007, 4(1): 37-47.

[79] Koehn P, Hoang H, Birch A, et al. Moses: Open source toolkit for statistical machine translation. Proceedings of the 45th Annual Meeting of the Association for Compatational Linguistics on Interactive Poster and Demonstration Sessions, 2007: 177-180.

[80] Bahdanau D, Cho K, Bengio Y. Neural machine translation by jointly learning to align and translate. arXiv preprint arXiv: 1409.0473, 2014.

[81] Vaswani A, Shazeer N, Parmar N, et al. Attention is all you need. arXiv preprint arXiv: 1706.03762, 2017.

[82] Devlin J, Chang M W, Lee K, et al. BERT: Pre-training of deep bidirectional transformers for language understanding. arXiv preprint arXiv: 1810.04805, 2018.

[83] Lewis M, Liu Y, Goyal N, et al. Bart: Denoising sequence-to-sequence pre-training for natural language generation, translation, and comprehension. arXiv preprint arXiv: 1910.13461, 2019.

[84] Joshi M, Chen D, Liu Y, et al. SpanBERT: Improving pre-training by representing and predicting spans. Transactions of the Association for Computational Linguistics, 2020, 8: 64-77.

[85] Collins-Thompson K. Computational assessment of text readability: A survey of current and future research. International Journal of Applied Linguistics, 2014, 165(2): 97-135.

[86] Dubay W H. The principles of readability. Online Submission, 2004.

[87] Cunning R. The Technique of Clear Writing. New York: McGraw Hill, 1968.

[88] McLaughlin G H. Smog grading—A new readability formula. Journal of Reading, 1969, 12(8): 639-646.

[89] Coleman M, Liau T L. A computer readability formula designed for machine scoring. Journal of Applied Psychology, 1975, 60(2): 283-284.

[90] Wubben S, Krahmer E J, van den Bosch A P J. Sentence simplification by monolingual machine translation. Proceedings of the 50th Annual Meeting of the Association for Computational Linguistics, 2012: 1015-1024.

[91] Davison A. Limitations of readability formulas in guiding adaptations of texts. Center for the Study of Reading Technical Report, 1980.

[92] Vajjala S, Meurers D. On improving the accuracy of readability classification using insights from second language acquisition. Proceedings of the 7th Workshop on Building

Educational Applications Using NLP, 2012: 163-173.
[93] Sung Y T, Chen J L, Cha J H, et al. Constructing and validating readability models: The method of integrating multilevel linguistic features with machine learning. Behavior Research Methods, 2015, 47(2): 340-354.
[94] Lin S Y, Su C C, Lai Y D, et al. Assessing text readability using hierarchical lexical relations retrieved from WordNet. International Journal of Computational Linguistics & Chinese Language Processing, 2009, 14: 45-84.
[95] Schumacher E, Eskenazi M, Frishkoff G, et al. Predicting the relative difficulty of single sentences with and without surrounding context. arXiv preprint arXiv: 1606.08425, 2016.
[96] Vajjala S. Automated assessment of non-native learner essays: Investigating the role of linguistic features. International Journal of Artificial Intelligence in Education, 2016, 28(1): 1-27.
[97] Xia M L, Kochmar E, Briscoe T. Text readability assessment for second language learners. arXiv preprint arXiv: 1906.07580, 2019.
[98] Malmasi S, Dras M, Zampieri M. LTG at semeval-2016 task 11: Complex word identification with classifier ensembles. Proceedings of the 10th International Workshop on Semantic Evaluation, 2016: 996-1000.
[99] Schwarm S E, Ostendorf M. Reading level assessment using support vector machines and statistical language models. Proceedings of the 43rd Annual Meeting of the Association for Computational Linguistics, 2005: 523-530.
[100] Feng L, Jansche M, Huenerfauth M, et al. A comparison of features for automatic readability assessment. Proceedings of the 23rd International Conference on Computational Linguistics: Posters, 2010: 276-284.
[101] Yannakoudakis H. Automated assessment of English-learner writing. Technical Report UCAM-CL-TR-842, University of Cambridge, Computer Laboratory, 2013.
[102] Collins-Thompson K, Callan J P. A language modeling approach to predicting reading difficulty. Proceedings of the Annual Conference of the North American Chapter of the Association for Computational Linguistics: Human Language Technologies , 2004: 193-200.
[103] Petersen S E, Ostendorf M. A machine learning approach to reading level assessment. Computer Speech & Language, 2009, 23(1): 89-106.
[104] Feng J. Automatic readability assessment. Dissertations & Theses-Gradworks, 2010, 93: 84-91.
[105] Halliday M A K, Hasan R. Cohesion in English. London: Longman, 1976.
[106] Pitler E, Nenkova A. Revisiting readability: A unified framework for predicting text quality. Proceedings of the Conference on Empirical Methods in Natural Language Processing, 2008: 186-195.
[107] Barzilay R, Lapata M. Modeling local coherence: An entity-based approach. Computational Linguistics, 2008, 34(1): 1-34.
[108] Heilman M, Collins-Thompson K, Eskenazi M. An analysis of statistical models and

features for reading difficulty prediction. Proceedings of the 3rd Workshop on Innovative Use of NLP for Building Educational Applications, 2008: 71-79.
[109] François T, Miltsakaki E. Do NLP and machine learning improve traditional readability formulas? Proceedings of the 1st Workshop on Predicting and Improving Text Readability for Target Reader Populations, 2012: 49-57.
[110] Vapnik V. The Nature of Statistical Learning Theory. Berlin: Springer Science & Business Media, 2013.
[111] Kate R, Luo X, Patwardhan S, et al. Learning to predict readability using diverse linguistic features. Proceedings of the 23rd International Conference on Computational Linguistics, 2010: 546-554.
[112] Tanaka-Ishii K, Tezuka S, Terada H. Sorting texts by readability. Computational Linguistics, 2010, 36(2): 203-227.
[113] Martinc M, Pollak S, Robnik-Šikonja M. Supervised and unsupervised neural approaches to text readability. arXiv preprint arXiv:1907.11779, 2019.
[114] Yang, Z, Yang D, Dyer C, et al. Hierarchical attention networks for document classification. Proceedings of the Annual Conference of the North American Chapter of the Association for Computational Linguistics: Human Language Technologies, 2016: 1480-1489.
[115] Deutsch T, Jasbi M, Shieber S. Linguistic features for readability assessment. Proceedings of the 15th Workshop on Innovative Use of NLP for Building Educational Applications, 2020.
[116] 杨孝濚. 实用中文报纸可读性公式. 新闻学研究, 1974, 13: 37-62.
[117] Hong J F, Sung Y T, Tseng H C, et al. A multilevel analysis of the linguistic features affecting Chinese text readability. 台湾华语教学研究, 2016, (13): 95-126.
[118] 张必隐, 孙汉银. 中文易懂性公式. 中美教育问题研讨会, 1992: 246-249.
[119] 荆溪昱. 中文国文教材的适读性研究: 适读年级值的推估. 教育研究资讯, 1995, 3(3): 113-127.
[120] 赵金铭. 论对外汉语教材评估. 语言教学与研究, 1998, (3): 4-19.
[121] 朱勇. 汉语分级读物的现状与研发对策. 国际汉语教学研究, 2015, (2): 15-17.
[122] 张宁志. 汉语教材语料难度的定量分析. 世界汉语教学, 2000, 14(3): 83-88.
[123] 郭望皓. 对外汉语文本易读性公式研究. 上海: 上海交通大学, 2010.
[124] 左虹, 朱勇. 中级欧美留学生汉语文本可读性公式研究. 世界汉语教学, 2014, 28(2): 263-276.
[125] 王蕾. 初中级日韩学习者汉语文本可读性公式研究. 语言教学与研究, 2017, (5): 15-25.
[126] 邹红建, 杨尔弘. 面向对外汉语报刊教学的文本难易度分类. 学生计算语言学研讨会, 2006: 363-367.
[127] Sung Y T, Chang T H, Lin W C, et al. CRIE: An automated analyzer for Chinese texts. Behavior Research Methods, 2015, 48(4): 1238-1251.
[128] Graesser A C, McNamara D S, Louwerse M M, et al. Coh-Metrix: Analysis of text on

cohesion and language. Behavior Research Methods, Instruments, & Computers, 2004, 36(2): 193-202.

[129] 孙刚. 基于线性回归的中文文本可读性预测方法研究. 南京: 南京大学, 2015.

[130] 曾厚强, 陈柏琳, 宋曜廷. 探究使用基于类神经网路之特征于文本可读性分类. 中文计算语言学期刊, 2017, 22(2): 31-45.

[131] 蒋智威. 面向可读性评估的文本表示技术研究. 南京: 南京大学, 2018.

[132] Heilman M, Collins-Thompson K, Callan J, et al. Combining lexical and grammatical features to improve readability measures for first and second language texts. The Proceedings of the Annual Conference of the North American Chapter of the Association for Computational Linguistics, 2007: 460-467.

[133] Abedi J, Leon S, Kao J, et al. Accessible reading assessments for students with disabilities: The role of cognitive, grammatical, lexical, and textual/visual features. National Center for Research on Evaluation Standards & Student Testing, 2011.

[134] Sitbon L, Bellot P. A readability measure for an information retrieval process adapted to dyslexics. The 2nd International Workshop on Adaptive Information Retrieval, 2008: 52-57.

[135] Chinn D, Homeyard C. Easy read and accessible information for people with intellectual disabilities: Is it worth it? A meta-narrative literature review. Health Expectations, 2017, 20(6): 1189-1200.

[136] Fourney A, Morris M, Ali A X, et al. Assessing the readability of web search results for searchers with dyslexia. The 41st International ACM SIGIR Conference on Research & Development in Information Retrieval, 2018: 1069-1072.

[137] Nandhini K, Balasundaram S R. Improving readability of dyslexic learners through document summarization. International Conference on Technology for Education, 2011: 246-249.

[138] Heilman M, Collins-Thompson K, Callan J, et al. Personalization of reading passages improves vocabulary acquisition. International Journal of Artificial Intelligence in Education, 2010, 20(1): 73-98.

[139] Beinborn L, Zesch T, Gurevych I. Towards fine-grained readability measures for self-directed language learning. Proceedings of the SLTC Workshop on NLP for CALL, 2012: 11-19.

[140] Dascalu M. Readerbench (2)-individual assessment through reading strategies and textual complexity//Dascalu M. Analyzing Discourse and Text Complexity for Learning and Collaborating. Cham: Springer, 2014: 161-188.

[141] Kanungo T, Orr D. Predicting the readability of short web summaries. Proceedings of the 2nd ACM International Conference on Web Search and Data Mining, 2009: 202-211.

[142] Becker S A. A study of web usability for older adults seeking online health resources. ACM Transactions on Computer-Human Interaction, 2004,11(4): 387-406.

[143] Collins-Thompson K, Bennett P N, White R W, et al. Personalizing web search results by reading level. Proceedings of the 20th ACM International Conference on Information

and Knowledge Management, 2011: 403-412.
[144] Gyllstrom K, Moens M F. Wisdom of the ages: Toward delivering the children's web with the link-based agerank algorithm. Proceedings of the 19th ACM International Conference on Information and Knowledge Management, 2010: 159-168.
[145] de Clercq O, Hoste V, Desmet B, et al. Using the crowd for readability prediction. Natural Language Engineering, 2014, 20(3): 293-325.
[146] Agrawal R, Gollapudi S, Kannan A, et al. Identifying enrichment candidates in textbooks. Proceedings of the 20th International Conference Companion on World Wide Web, 2011: 483-492.
[147] Aluísio S M, Gasperin C. Fostering digital inclusion and accessibility: The PorSimples project for simplification of Portuguese texts. Proceedings of the Annual Conference of the North American Chapter of the Association for Computational Linguistics, 2010: 46-53.
[148] Horn C, Manduca C, Kauchak D. Learning a lexical simplifier using Wikipedia. Proceedings of the 52nd Annual Meeting of the Association for Computational Linguistics: Short Papers, 2014: 458-463.
[149] Glavaš G, Štajner S. Simplifying lexical simplification: Do we need simplified corpora? Proceedings of the 53rd Annual Meeting of the Association for Computational Linguistics and the 7th International Joint Conference on Natural Language Processing: Short Papers, 2015: 63-68.
[150] Paetzold G. Reliable lexical simplification for non-native speakers. Proceedings of the Annual Conference of the North American Chapter of the Association for Computational Linguistics: Student Research Workshop, 2015: 9-16.
[151] Keskisärkkä R. Automatic text simplification via synonym replacement. General Language Studies & Linguistics, 2012.
[152] Kandula S, Curtis D, Zeng-Treitler Q. A semantic and syntactic text simplification tool for health content. AMIA Annual Symposium Proceedings, 2010: 366.
[153] Hirsh D, Nation P. What vocabulary size is needed to read unsimplified texts for pleasure? Reading in a Foreign Language, 1992, 8(2): 689-696.
[154] Nation I S P. Learning Vocabulary in Another Language Google eBook. Cambridge: Cambridge University Press, 2013.
[155] 强继朋, 李云, 吴信东. 词语简化方法综述. 中文信息学报, 2021, 35(12): 1-16.
[156] Paetzold G, Specia L. A survey on lexical simplification. Journal of Artificial Intelligence Research, 2017, 60: 549-593.
[157] Devlin S, Tait J. The use of a psycholinguistic database in the simplification of text for aphasic readers. Linguistic Databases, 1998.
[158] Bott S, Rello L, Drndarević B, et al. Can Spanish be simpler? LexSiS: Lexical simplification for Spanish. Proceedings of the International Conference on Computational Linguistics, 2012: 357-374.
[159] Deléger L, Zweigenbaum P. Extracting lay paraphrases of specialized expressions from

monolingual comparable medical corpora. Proceedings of the 2nd Workshop on Building and Using Comparable Corpora: From Parallel to Non-Parallel Corpora, 2009: 2-10.

[160] Paetzold G, Specia L. Unsupervised lexical simplification for non-native speakers. Proceedings of the 30th AAAI Conference on Artificial Intelligence, 2016: 3761-3767.

[161] Paetzold G, Specia L. Lexical simplification with neural ranking. Proceedings of the 15th Conference of the European Chapter of the Association for Computational Linguistics, 2017: 34-40.

[162] Choubey P K, Pateria S. Garuda & bhasha at semeval-2016 task 11: Complex word identification using aggregated learning models. Proceedings of the 10th International Workshop on Semantic Evaluation, 2016: 1006-1010.

[163] Mukherjee N, Patra B G, Das D, et al. JU_NLP at semeval-2016 task 11: Identifying complex words in a sentence. Proceedings of the 10th International Workshop on Semantic Evaluation, 2016: 986-990.

[164] Paetzold G, Specia L. SV000gg at semeval-2016 task 11: Heavy gauge complex word identification with system voting. Proceedings of the 10th International Workshop on Semantic Evaluation, 2016: 969-974.

[165] Gooding S, Kochmar E. Complex word identification as a sequence labelling task. Proceedings of the 57th Annual Meeting of the Association for Computational Linguistics, 2019:1148-1153.

[166] Biran O, Brody S, Elhadad N. Putting it simply: A context-aware approach to lexical simplification. Proceedings of the 49th Annual Meeting of the Association for Computational Linguistics: Short Papers, 2011: 496-501.

[167] Gooding S, Kochmar E. Recursive context-aware lexical simplification. Proceedings of the Conference on Empirical Methods in Natural Language Processing, 2019: 4855-4865.

[168] Shardlow M. Out in the open: Finding and categorising errors in the lexical simplification pipeline. International Conference on Language Resources and Evaluation, 2014: 1583-1590.

[169] Thomas S R, Anderson S. WordNet-based lexical simplification of a document. Conference on Natural Language Processing, 2012: 80-88.

[170] Paetzold G, Specia L. Text simplification as tree transduction. Proceedings of the 9th Brazilian Symposium in Information and Human Language Technology, 2013.

[171] Paetzold G, Specia L. Lexenstein: A framework for lexical simplification. Proceedings of the Annual Meeting of the Association for Computational Linguistics and International Joint Conference on Natural Language Processing IJCNLP System Demonstrations, 2015: 85-90.

[172] Belder J D, Moens M F. Text simplification for children. Proceedings of the SLGIR Workshop on Accessible Search Systems, 2010: 19-26.

[173] Sinha R. Unt-simprank: Systems for lexical simplification ranking. SEM 2012: The First Joint Conference on Lexical and Computational Semantics—Volume 1: Proceedings of the Main Conference and the Shared Task, and Volume 2: Proceedings of the 6th

International Workshop on Semantic Evaluation, 2012: 493-496.

[174] Joachims T. Optimizing search engines using clickthrough data. Proceedings of the 8th ACM SIGKDD International Conference on Knowledge Discovery and Data Mining, 2002: 133-142.

[175] Qiang J P, Li Y, Zhu Y, et al. LSBERT: A simple framework for lexical simplification. arXiv preprint arXiv: 2006.14939, 2020.

[176] Kajiwara T, Matsumoto H, Yamamoto K. Selecting proper lexical paraphrase for children. Proceedings of the 25th Conference on Computational Linguistics and Speech Processing, 2013: 59-73.

[177] Pavlick E, Callison-Burch C. Simple PPDB: A paraphrase database for simplification. Proceedings of the 54th Annual Meeting of the Association for Computational Linguistics: Short Papers, 2016: 143-148.

[178] Kriz R, Miltsakaki E, Apidianaki M, et al. Simplification using paraphrases and context-based lexical substitution. Proceedings of the Annual Conference of the North American Chapter of the Association for Computational Linguistics: Human Language Technologies, 2018: 207-217.

[179] Miller G A. WordNet: An Electronic Lexical Database. Boston: MIT Press, 1998.

[180] Janczura G A, de Castilho G M, Rocha N O, et al. Normas de concretude para 909 palavras da língua portuguesa. Psicologia: Teoria E Pesquisa, 2007, 23(2): 195-204.

[181] Bott S, Saggion H. An unsupervised alignment algorithm for text simplification corpus construction. Proceedings of the Workshop on Monolingual Text-To-Text Generation, 2011: 20-26.

[182] Yokoi T. The EDR electronic dictionary. Communications of the ACM, 1995, 38(11): 42-44.

[183] Mccreaty D R. Sanseido's concise English-Japanese dictionary. International Journal of Lexicography, 2002, (4): 337-342.

[184] Minato Y. The Challenge Elementary School Japanese Dictionary. Tokyo: Benesse Holdings, Inc., 2011.

[185] Och F J, Ney H. Improved statistical alignment models. Proceedings of the 38th Annual Meeting of the Association for Computational Linguistics, 2000: 440-447.

[186] Pavlick E, Rastogi P, Ganitkevitch J, et al. PPDB 2.0: Better paraphrase ranking, fine-grained entailment relations, word embeddings, and style classification. Proceedings of the 53rd Annual Meeting of the Association for Computational Linguistics and the 7th International Joint Conference on Natural Language Processing (Volume 2: Short Papers), 2015: 425-430.

[187] Specia L, Jauhar S K, Mihalcea R. Semeval-2012 task 1: English lexical simplification. SEM 2012: The First Joint Conference on Lexical and Computational Semantics—Volume 1: Proceedings of the Main Conference and the Shared Task, and Volume 2: Proceedings of the 6th International Workshop on Semantic Evaluation, 2012: 347-355.

[188] Faruqui M, Dodge J, Jauhar S K, et al. Retrofitting word vectors to semantic lexicons.

arXiv preprint arXiv: 1411.4166, 2014.

[189] Yimam S M, Biemann C, Malmasi S, et al. A report on the complex word identification shared task 2018. arXiv preprint arXiv: 1804.09132, 2018.

[190] Lee J, Seneff S. Automatic grammar correction for second-language learners. The 9th International Conference on Spoken Language Processing, 2006.

[191] Siddharthan A. Syntactic simplification and text cohesion. Research on Language and Computation, 2006, 4(1): 77-109.

[192] Štajner S, Glavaš G. Leveraging event-based semantics for automated text simplification. Expert Systems with Applications, 2017, 82: 383-395.

[193] Guo Y, Ge T, Wei F. Fact-aware sentence split and rephrase with permutation invariant training. Proceedings of the 34th AAAI Conference on Artificial Intelligence, 2020: 7855-7862.

[194] Gao Y J, Huang T H, Passonneau R J. ABCD: A graph framework to convert complex sentences to a covering set of simple sentences. Proceedings of the 59th Annual Meeting of the Association for Computational Linguistics, 2021: 3919-3931.

[195] Belder J D. Integer Linear Programming for Natural Language Processing. Leuven: Catholic University of Leuven, 2014.

[196] Siddharthan A. An architecture for a text simplification system. Proceedings of the Language Engineering Conference, 2002: 64-71.

[197] Saggion H, Marimon M, Ferrés D. Simplificación automática de textos para la accesibilidad de colectivos con discapacidad: Experiencias parallel español y el inglés. IX Jornadas Científicas Internacionales de Investigación Sobre Personas con Discapacidad, 2015.

[198] Ferrés D, Marimon M, Saggion H. A web-based text simplification system for English. Procesamiento del Lenguaje Natural, 2015, (55): 191-194.

[199] Maynard D, Tablan V, Cunningham H, et al. Architectural elements of language engineering robustness. Natural Language Engineering, 2002, 8(3): 257-274.

[200] Bohnet B. Efficient parsing of syntactic and semantic dependency structures. Proceedings of the 13th Conference on Computational Natural Language Learning: Shared Task, 2009: 67-72.

[201] Cunningham H, Maynard D, Tablan V, et al. JAPE: A java annotation patterns engine. Proceedings of the Workshop on Ontologies and Language Resources, 2000.

[202] Falke T, Stanovsky G, Gurevych I, et al. Porting an open information extraction system from English to German. Proceedings of the Conference on Empirical Methods in Natural Language Processing, 2016: 892-898.

[203] Siddharthan A. Text simplification using typed dependencies: A comparision of the robustness of different generation strategies. Proceedings of the 13th European Workshop on Natural Language Generation, 2011: 2-11.

[204] Barlacchi G, Tonelli S. ERNESTA: A sentence simplification tool for children's stories in Italian. The International Conference on Computational Linguistics and Intelligent

Text Processing, 2013: 476-487.

[205] Glavaš G, Štajner S. Event-centered simplification of news stories. Proceedings of the Student Research Workshop Associated with RANLP 2013, 2013: 71-78.

[206] Taboada M, Das D. Annotation upon annotation: Adding signalling information to a corpus of discourse relations. Dialogue & Discourse, 2013, 4(2): 249-281.

[207] Narayan S, Gardent C. Hybrid simplification using deep semantics and machine translation. Proceedings of the 52nd Annual Meeting of the Association for Computational Linguistics, Stroudsburg: Association for Computational Linguistics, 2014: 435-445.

[208] Qiang J P, Wu X D. Unsupervised statistical text simplification. IEEE Transactions on Knowledge and Data Engineering, 2021, 33(4):1802-1806.

[209] Yamada K, Knight K. A syntax-based statistical translation model. Proceedings of the 39th Annual Meeting on Association for Computational Linguistics, 2001: 523-530.

[210] Bach N, Gao Q, Vogel S, et al. TriS: A statistical sentence simplifier with log-linear models and margin-based discriminative training. Proceedings of 5th International Joint Conference on Natural Language Processing, 2011: 474-482.

[211] Crammer K, Singer Y. Ultraconservative online algorithms for multiclass problems. Journal of Machine Learning Research, 2003, 3: 951-991.

[212] Kamp H. A theory of truth and semantic representation//Groenendijk J A G, Janssen T M V, Stokhof M B J. Formal Methods in the Study of Language. Oxford: Blackwell Publishers Ltd., 1981: 189-222.

[213] Heafield K. KenLM: Faster and smaller language model queries. Proceedings of the 6th Workshop on Statistical Machine Translation, 2011: 187-197.

[214] Nisioi S, Štajner S, Ponzetto S P, et al. Exploring neural text simplification models. Proceedings of the 55th Annual Meeting of the Association for Computational Linguistics: Short Papers, 2017: 85-91.

[215] Vu T, Hu B, Munkhdalai T, et al. Sentence simplification with memory-augmented neural networks. arXiv preprint arXiv:1804.07445, 2018.

[216] Guo H, Pasunuru R, Bansal M. Dynamic multi-level multi-task learning for sentence simplification. arXiv preprint arXiv:1806.07304, 2018.

[217] Zhao S Q, Meng R, He D Q, et al. Integrating transformer and paraphrase rules for sentence simplification. arXiv preprint arXiv:1810.11193, 2018.

[218] Dong Y, Li Z C, Rezagholizadeh M, et al. EditNTS: An neural programmer-interpreter model for sentence simplification through explicit editing. arXiv preprint arXiv: 1906.08104, 2019.

[219] Dai A M, Le Q V. Semi-supervised sequence learning. Advances in Neural Information Processing Systems, 2015, 28: 3079-3087.

[220] Artetxe M, Labaka G, Agirre E, et al. Unsupervised neural machine translation. arXiv preprint arXiv: 1710.11041, 2017.

[221] Lample G, Ott M, Conneau A, et al. Phrase-based & neural unsupervised machine

translation. arXiv preprint arXiv: 1804.07755, 2018.

[222] Surya S, Mishra A, Laha A, et al. Unsupervised neural text simplification. arXiv preprint arXiv: 1810.07931, 2018.

[223] Kumar D, Mou L L, Golab L, et al. Iterative edit-based unsupervised sentence simplification. Proceedings of the 58th Annual Meeting of the Association for Computational Linguistics, 2020: 7918-7928.

[224] Scarton C, Specia L. Learning simplifications for specific target audiences. Proceedings of the 56th Annual Meeting of the Association for Computational Linguistics: Short Papers, 2018: 712-718.

[225] Martin L, Sagot B, de la Clergerie E, et al. Controllable sentence simplification. arXiv preprint arXiv: 1910.02677, 2019.

[226] Martin L, Fan A, de la Clergerie É, et al. Multilingual unsupervised sentence simplification. arXiv preprint arXiv: 2005.00352, 2020.

[227] Lv X Y, Qiang J P, Li Y, et al. An unsupervised method for building sentence simplification corpora in multiple languages. Proceedings of the Conference on Empirical Methods in Natural Language Processing, 2021.

[228] Mallinson J, Sennrich R, Lapata M. Zero-shot crosslingual sentence simplification. Proceedings of the Conference on Empirical Methods in Natural Language Processing, 2020: 5109-5126.

[229] Artetxe M, Labaka G, Agirre E. Unsupervised statistical machine translation. arXiv preprint arXiv: 1809.01272, 2018.

[230] Johnson J, Douze M, Jégou H. Billion-scale similarity search with GPUs. IEEE Transactions on Big Data, 2019, 7(3): 535-547.

[231] Kudo T, Richardson J. SentencePiece: A simple and language independent subword tokenizer and detokenizer for neural text processing. arXiv preprint arXiv: 1808.06226, 2018.

[232] Dong Z D, Dong Q. Hownet and the Computation of Meaning. Singapore: World Scientific, 2006.